准噶尔盆地
页岩油流动规律探索及应用

石国新　向宝力　王子强　等著

石油工业出版社

内 容 提 要

本书系统介绍了准噶尔盆地吉木萨尔凹陷页岩油的流动规律实验研究和数值模拟成果。实验方面，详尽介绍了如何利用核磁共振技术和高压压汞方法测量页岩油的储层岩石参数，以及针对一些典型岩心开展的单相渗流实验，分析了页岩油储层的渗流机理。数值模拟方面，主要介绍了利用格子 Boltzmann 方法研究页岩油储层岩石单相流体流动规律以及油水两相流动规律相关成果。

本书可供从事油气勘探开发的科研和技术人员及高等石油院校相关专业师生参考使用。

图书在版编目（CIP）数据

准噶尔盆地页岩油流动规律探索及应用／石国新，向宝力，王子强著 . — 北京：石油工业出版社，2020.5
ISBN 978-7-5183-4112-2

Ⅰ.①准… Ⅱ.①石… ②向… ③王…Ⅲ.①准噶尔盆地-页岩焦油-油流动-研究Ⅳ.①P618.12

中国版本图书馆 CIP 数据核字（2020）第 110905 号

出版发行：石油工业出版社
　　　　　（北京安定门外安华里 2 区 1 号　100011）
　　　　　网　　址：www.petropub.com
　　　　　编辑部：（010）64523546
　　　　　图书营销中心：（010）64523633
经　　销：全国新华书店
印　　刷：北京中石油彩色印刷有限责任公司

2020 年 5 月第 1 版　2020 年 5 月第 1 次印刷
787×1092 毫米　开本：1/16　印张：14.5
字数：360 千字

定价：130.00 元
（如出现印装质量问题，我社图书营销中心负责调换）

《准噶尔盆地页岩油流动规律探索及应用》
撰 写 人 员

石国新　向宝力　王子强　寇　根　郭慧英

唐红娇　刘　赛　张自新　李　琼　张　锋

梁宝兴　李　震　贾国澜　王　蓓　杨成克

李民河　龙新满　李　婷　刘　勇　张绍臣

前　言

准噶尔盆地是我国重要的内陆盆地，油气资源丰富。新中国成立后的第一个大油田——克拉玛依油田就诞生于此。经过 60 多年的勘探开发，目前原油生产能力达千万吨级，成为我国重要的能源保障基地和西部最大的石油生产基地。

随着油田开发的不断深入，尤其是长期的注水开发，油藏已全面进入中高含水期开发阶段。而针对页岩层系内致密油、页岩油的勘探开发已成为全球非常规油气的热点，被认为是老油田稳产增产的重要手段。当前，全球致密油（tight oil）、页岩油（shale oil）勘探开发的重点在北美地区和中国，北美地区已实现规模勘探开发，中国正处于工业先期探索阶段。中国致密油、页岩油主要赋存于湖相盆地中，广泛分布于鄂尔多斯盆地延长组、松辽盆地白垩系、准噶尔盆地二叠系、三塘湖盆地二叠系、渤海湾盆地沙河街组、柴达木盆地古近—新近系、四川盆地侏罗系以及酒西盆地白垩系等页岩层系，以中—新生界页岩层系为主。但中国陆相页岩层系具有地层非均质性强、地层压力多变、流体品质多变等特殊性，勘探开发面临诸多挑战。

致密油和页岩油是源储共生层系中已深入到"生油灶"内部的石油聚集。目前国内外对致密油与页岩油概念的认识仍存在差异。一般来说，致密油指以吸附或游离状态赋存于生油岩中，或与生油岩互层、紧邻的致密砂岩、致密碳酸盐岩等储集岩中，未经过大规模长距离运移的石油聚集。单井通常无自然产能或自然产能低于工业油流下限，但在一定经济条件和技术措施下可获得工业产量。页岩油指储存于富有机质、纳米级孔喉系统为主的纯页岩层中的石油。但由于致密储层和页岩常常伴生或互层，因此国外大多数文献中对致密油和页岩油并未进行明确的区分。因此本书中对致密油和页岩油的概念不做严格区分。目前，致密油已依靠水平井体积压裂实现规模工业开采，裂缝型页岩油及部分凝析页岩油也可进行工业开采，孔隙型页岩油是页岩油资源的主体，其工业开采的条件更严苛，仍处于探索阶段。

吉木萨尔凹陷是准噶尔盆地重要产油区域。本书针对吉木萨尔凹陷页岩油的流动规律实验及模拟的技术与方法进行了较全面系统的阐述。实验方面，主要介绍了如何运用核磁共振和高压压汞方法获得页岩油储层岩石的不同参数，并介绍了页岩油储层岩心单相渗流的实验方法与结论；计算模拟方面，基于数字岩心技术，主要介绍了研究页岩油储层岩石中单相流和油水两相流流动规律的格子 Boltzmann 方法。

石国新、向宝力、王子强负责制定本书的指导思想以及全书的统稿、定稿等工作。第一章由寇根撰写，第二章由郭慧英、唐红娇撰写，第三章由刘赛、张自新、李琼撰写，第四章由张峰、梁宝兴撰写，第五章由李震、杨成克、王蓓、贾国澜撰写，第六章由李民河、龙新满、李婷撰写，第七章由刘勇、张绍臣撰写。希望本书的内容能对认识页岩油储层岩石特征及页岩油的流动规律提供一定的借鉴和指导作用。

由于笔者水平有限，不足和疏漏之处在所难免，敬请读者批评指正。

目　　录

第一章 准噶尔盆地页岩油储层地质特征

准噶尔盆地是新疆北部的一个类三角形盆地,由准噶尔界山、阿尔泰山脉及天山山脉围成。吉木萨尔凹陷位于准噶尔盆地的东南缘,是盆地的二级构造单元。吉木萨尔凹陷行政上隶属于新疆昌吉回族自治州吉木萨尔县,东邻奇台县,西接阜康市,向北穿越卡拉麦里岭与富蕴县接连,南以乌鲁木齐市为边界,面积约为1300km²。现探明矿藏30余种,以石油、煤炭、天然气等最为丰富,其中石油探明储量为$1.5×10^8$t,天然气探明储量为$300×10^8$m³,煤炭探明储量为$511.6×10^8$t。

第一节 吉木萨尔凹陷构造特征

吉木萨尔凹陷是中石炭统褶皱基底上发展起来的一个西断东超的箕状凹陷,其周边边界特征明显,西以西地断裂和老庄湾断裂与北三台凸起相接,北以吉木萨尔断裂与沙奇凸起毗邻,南面为阜康断裂带,向东则表现为一个逐渐抬升的斜坡,最终过渡到古西凸起上。

吉木萨尔凹陷是一个典型的多旋回沉积盆地,其盆地演化表现出明显的"幕式"旋回特点。该凹陷自二叠纪开始逐渐进入陆相盆地演化阶段,主要经历晚海西、印支、燕山和喜马拉雅构造运动。

石炭纪末期,该区北部沙奇凸起、东部古西凸起表现为活动上升,吉木萨尔凹陷断裂开始形成,吉木萨尔凹陷与博格达山前凹陷、西部阜康凹陷水体相连。早二叠世局部接受了杂色碎屑岩沉积,称为金沟组。中二叠世早期,吉木萨尔凹陷发生强烈的构造沉降,并作为一个相对独立的沉积单元,接受了较厚的井井子沟组沉积,一般厚度在50~750m。中二叠世晚期,发育一套湖相沉积,形成了本区最重要的芦草沟组烃源岩,最厚处约400m,一般厚度在200~350m。二叠纪晚期吉木萨尔凹陷作为博格达山前凹陷的东北斜坡,上二叠统梧桐沟组至下三叠统韭菜园组沉积稳定,厚度为250~500m。

二叠纪末期至三叠纪,北三台凸起隆升作用减弱,沉积水体将北三台凸起自西向东逐渐淹没,水体不断加深,地层沉积范围不断扩大,整体相对下降,发育一套三角洲—滨浅湖相沉积,此时吉木萨尔凹陷为一箕状凹陷。

三叠纪末期的印支构造运动使凹陷北部沙奇凸起强烈上升,造成凹陷东斜坡三叠系、二叠系遭受不同程度的剥蚀,侏罗系与下伏地层不整合接触。

侏罗纪末期的燕山运动Ⅱ幕使沙奇凸起快速强烈隆升,吉木萨尔断裂强烈活动,构造运动使侏罗系遭受严重剥蚀,吉木萨尔凹陷向东北方向萎缩。

白垩纪构造运动相对较弱,差异沉积使独立的凹陷格局基本消失,受燕山Ⅲ幕构造运动的影响,吉木萨尔凹陷东部强烈抬升,白垩系在凹陷中东部剥蚀尖灭。

进入新生代,喜马拉雅构造运动造成凹陷整体由东向西掀斜,地层向东逐渐减薄。

第二节　吉木萨尔凹陷储层特征

二叠系芦草沟组烃源岩和储层一体，靠近烃源岩成藏，纵向上整体富含致密油，是吉木萨尔凹陷致密油的主力勘探层段。二叠系芦草沟组自下而上划分为芦草沟组一段（P_2l_1）和芦草沟组二段（P_2l_2）两套致密型砂泥岩正旋回的储盖组合。芦一段包括芦一段二层组（$P_2l_1^2$）和芦一段一层组（$P_2l_1^1$）：芦一段二层组厚度为63~129m，平均为104m；芦一段一层组厚度为28~75m，平均为53.3m。芦二段包括芦二段二层组（$P_2l_2^2$）和芦二段一层组（$P_2l_2^1$）：芦二段二层组厚度为50~120m，平均为90.5m；芦二段一层组厚度为8~34m，平均为17.4m。芦草沟组致密油发育上"甜点"体和下"甜点"体。上"甜点"体主要发育在凹陷东斜坡的芦草沟组二段二层组（$P_2l_2^2$），下"甜点"体在全凹陷均有发育，位于芦草沟组一段二层组（$P_2l_1^2$）。

一、储层沉积特征

依据该区致密油微量元素分析（表1-1），物源主要来自周边的古隆起，整体为咸化湖沉积环境，利于有机质富集和白云石的化学沉淀。上"甜点"仅有南部物源对凹陷进行供应，主要发育的沉积微相类型是碳酸盐岩组成的云砂坪、云泥坪及滨湖泥，沉积物的分布局限在凹陷的中部和东部。下"甜点"有南北两个物源，以南部物源供给为主，形成的沉积微相类型有远砂坝、砂质滩、席状砂、浅湖及半深湖泥，在整个凹陷均有分布。

表1-1　吉木萨尔凹陷芦草沟组致密油微量元素分析表

项目	Sr/Ba	B/Ga	V/Ni	V/（V+Ni）	V/Cr	Th/U
变化范围	0.24~6.26	1.53~18.79	1.02~22.81	0.5~0.96	1.08~4.33	0.21~4.76
平均值	1.43	7.75	3.66	0.75	2.36	1.61

二、储层岩石类型

有研究者通过对大量吉174井储层薄片、电子探针发射观测和元素成分分析，认为致密砂质、云质岩是吉木萨尔凹陷芦草沟组致密油储层主要岩性。通过与巴肯（Bakken）致密油的页岩储层比较，二叠系芦草沟组的孔隙度和渗透率介于普通砂岩和泥页岩之间。新疆油田最新提出了"四组分三端元三级"岩石命名方案，按照该类划分标准可分为陆源碎屑岩、碳酸盐岩和火山碎屑岩三种类型。陆源碎屑岩包括粉砂岩和泥岩，粉砂岩中碎屑颗粒以长石为主，分选较好、次棱角—棱角状，有机碳含量低，平均为1.23%，其中含凝灰粉砂岩与凝灰质粉砂岩含油性好，为主要的储集岩。泥岩则以块状与纹层状为主，有机碳含量高，约为3.87%，并且有机质含量越高时，纹层状特征越明显。碳酸盐类以泥晶云岩为主，包含砂屑、鲕粒、生屑及藻粒等结构组分，有机碳含量中等，约为2.75%，灰岩以薄夹层形式呈现。较纯的碳酸盐岩含油性较差，含火山凝灰物质的碳酸盐含油性好，岩石脆性好。火山碎屑岩类主要是粉砂质沉凝灰岩，包括较少凝灰岩，有机碳含量中等，约为2.18%，凝灰质容易发生溶蚀作用和钠长石化，该类岩石具有较好含油性。

三、储层脆性特征

依据岩石力学实验，芦草沟组致密储层岩石大致可划分三类（图1-1）：砂屑云岩、微晶云岩、云质砂岩脆性最好，杨氏模量介于（1.5~3）×10⁴MPa，泊松比为0~0.2；粉细砂岩和泥晶云岩脆性中等，杨氏模量介于（0.9~1.5）×10⁴MPa，泊松比取值范围为0.2~0.24；泥岩和碳质泥岩脆性最差，杨氏模量小于0.9×10⁴MPa，泊松比大于0.24。总体而言，芦草沟组致密储层岩石脆性约为较好—中等。

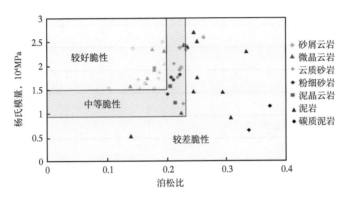

图1-1　吉木萨尔凹陷吉174井岩性与脆性关系图（据张云钊，2017）

四、储集空间类型

吉木萨尔凹陷二叠系芦草沟组致密储层渗透率多小于1mD，孔隙度以低孔、超低孔为主。碎屑岩类（粉砂岩或砂岩）相对粗粒的物性一般较好。研究区辨认出孔隙型储集空间和孔缝—裂缝型储集空间2类16种，根据成因将孔隙型储集空间分为8种（图1-2），包括残余粒间孔、粒内孔、有机质孔、铸模孔、粒间溶孔、生物体腔孔、晶间孔、复合孔。孔缝—裂缝型储集空间可分为7种，包括溶蚀缝、压溶缝、构造缝、粒间微裂缝、充填缝、层间缝、收缩缝。

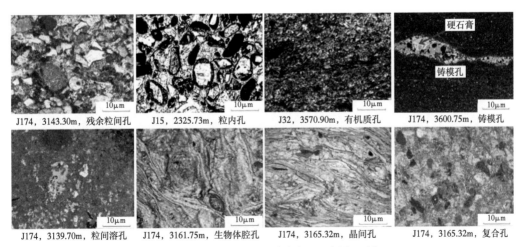

图1-2　吉木萨尔凹陷芦草沟组孔隙类型（据张云钊，2017）

　　储层由于裂缝的存在可以极大地提高致密油的渗流能力和储集能力，通过统计研究区1955块岩石样本（包括含裂缝样本185块和非裂缝样本1770块）的压汞实验数据（图1-3）发现，含裂缝样本孔隙度范围在0.4%~27.8%，平均值为7.20%，渗透率范围在0.024~9.82mD，平均值为2.53mD；非裂缝样本孔隙度变化范围在0.1%~27.4%，平均值8.45%，渗透率变化范围在0.004~5.76mD，平均值为0.20mD。含裂缝样本孔隙度均值略小于非裂缝样本，而孔隙度范围、渗透率范围和渗透率均值大于非裂缝样本，实验表明致密储层裂缝极大地提高了致密油的渗流能力和储集能力。

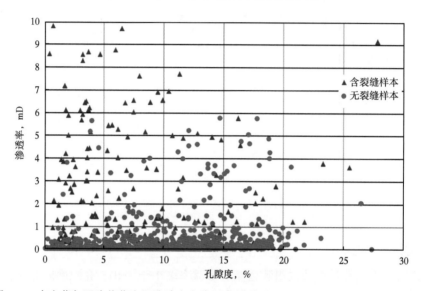

图1-3　吉木萨尔凹陷芦草沟组孔隙度和渗透率关系图（$N=1955$）（据张云钊，2017）

第二章 吉木萨尔凹陷页岩油储层岩石
参数的核磁共振分析

本章主要介绍核磁共振岩心分析的基本原理和页岩油储层岩心核磁共振信号的处理方法，以及在页岩油储层岩石核磁共振弛豫反演的基础上如何获取孔隙度、渗透率、孔隙结构等致密油储层岩心的参数及其主要影响因素。同时，选取实际的岩心，采用核磁共振技术进行了实验测量，分析了页岩油储层岩石样品的孔隙结构特征。

第一节 页岩油储层岩心核磁共振检测的分析方法

本节主要根据核磁共振岩心分析的基本原理，介绍致密油储层岩心核磁共振信号的处理方法，选取奇异值分解算法、变换反演算法、联合迭代重建算法、约束阻尼最小二乘反演算法等处理方法，通过大量理论分析和模拟计算，综合对比分析各种处理方法的适用性。

一、储层岩石核磁共振弛豫时间

1. 岩石核磁共振现象

核磁共振（NMR）是磁矩不为零的原子核，在外磁场作用下自旋能级发生分裂，共振吸收某一定频率的射频辐射的物理过程。原子核可分为有自旋的原子核和无自旋的原子核。具有自旋特性的核子才能发生核磁共振。奇数个核子的核或偶数个核子但原子序数为奇数的核都有自旋特性。

根据岩石多孔介质的核磁共振弛豫理论，通过含氢指数（I_H）、弛豫时间（T_1，T_2）及扩散系数（D）等核磁共振弛豫特征的研究，可快速无损测量储层物性参数和可动流体参数，包括孔隙度、有效孔隙度、渗透率、可动流体饱和度、含油饱和度、可动水饱和度、孔径分布、毛管压力曲线等。通过大量的应用基础研究工作，核磁共振测量参数正确地转换为石油工业可直接应用的油层物理参数。

2. 核磁共振弛豫时间的测量

（1）弛豫时间。

弛豫过程是由于物质间相互作用产生的，发生核磁共振的前提是核自旋体系磁能级间自旋粒子数差不为零，而核磁共振本身是以粒子数差 n 按指数规律下降为代价的，由于共振吸引，系统处于非平衡态，系统由非平衡态过渡到平衡态的过程叫弛豫过程。弛豫因涉及磁化强度的纵向分量和横向分量，因而可分为纵向弛豫和横向弛豫，纵向弛豫起因于自旋—晶格之间的相互作用，纵向弛豫时间 T_1 反映自旋系统粒子数差从非平衡态恢复到平衡态的特征时间常数，T_1 越短表明自旋—晶格相互作用越强。横向弛豫源于自旋—自旋之间的相互作用，横向弛豫时间 T_2 表征了由于非平衡态进动相位相关产生的不为零的磁化强度横向分量恢复到平衡态时相位无关的特征时间常数。弛豫时间描述了原子核与周围介质以及原子核之间相互作用的重要参数，因此准确测量弛豫时间对研究物质相互作用具有重要意义。

（2）纵向弛豫时间的测量。

测量 T_1 的方法很多，其中反转恢复法是一种常用的测量 T_1 的方法，精度高，测量范围大。其基本原理是，在不同时间点 $t = \tau_1$，τ_2，τ_3，…测得从 $-M_0$ 到 M_0 之间的各个 M_Z，从而求得 T_1，为了实现它，要加 $180°$-τ-$90°$ 脉冲（图 2-1）。

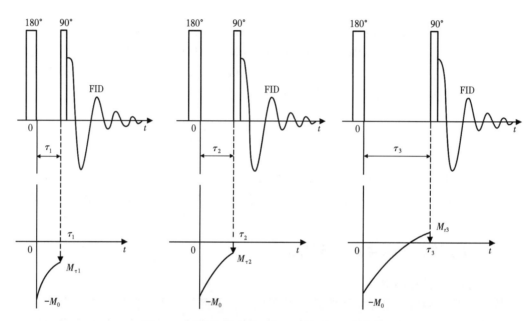

图 2-1　反转恢复法测 T_1 的 $180°$-τ-$90°$ 脉冲序列

平衡情况下，沿 X' 方向加 $180°$ 脉冲，使磁化矢量由 $M = M_0$ 倒转到 $-Z$ 方向，即使 $M_Z = -M_0$，脉冲结束后 M_Z 由 $-M_0$ 向 M_0 恢复，即进行纵向弛豫，但 M 的横向分量 M_{XY} 仍为零。当 $180°$ 脉冲结束后经过时间 τ_1，$M_Z = M_{\tau_1}$，由于弛豫是自由进动的缘故，M_{XY} 不变。为了测量 M_{τ_1}，必须将 $M_Z = M_{\tau_1}$ 变成横向分量，以便利用接收线圈将感生电动势变成 FID 最初幅值，它与 M_{τ_1} 成正比，且为负值。等足够时间使 M_Z 恢复到平衡状态 M_0 后，再测出 $t = \tau_2 > \tau_1$ 时的 M_{τ_2}。测量步骤与测 M_{τ_1} 相同。如果需要，还可以测出 $t = \tau_3$，τ_4，τ_5 等时的 M_{τ_3}，M_{τ_4}，M_{τ_5} 等一系列 M_Z 值，从中可计算 T_1。而测量 T_1 的速度非常慢，因为必须等到磁化矢量恢复到平衡状态，才可以测量下一个点。

（3）横向弛豫时间的测量。

横向弛豫过程是由于样品中各磁矩所受局部磁场的影响不同，其相位是由一致逐渐趋向不一致造成的。在此过程中，磁化强度矢量 M 的横向分量 M_{XY} 按指数规律衰减到零，其时间常数 T_2 定义为横向弛豫时间。实际情况下，由于主磁场的不均匀，M_{XY} 的衰减急剧加快，响应的时间常数变成 T_2^*，$T_2^* \ll T_2$，有：

$$\frac{1}{T_2^*} = \frac{1}{T_2} + \frac{1}{T_{2m}} \tag{2-1}$$

式中，T_{2m}是由于主磁场不均匀而引入的量，它与地层特性无关。因此，T_2测量的主要任务是去除主磁场不均匀的影响，一般采用自旋回波法来实现。

自旋回波法中所加脉冲序列为$[90° - T_E/2 - (180 - T_E)_m - T_R]_n$，这里$m$指回波个数，$n$指平均次数，$T_R$为等待时间。如图2-2和图2-3所示，90°脉冲之后，$M_Z = 0$，随着在接受线圈中产生FID，M_{XY}逐渐衰减。如果外磁场均匀，M_{XY}以T_2为时间常数衰减。但外磁场总是不均匀的，故衰减时间常数为T_2^*。为了去除外磁场的影响，在经过T_1时间后施加180°脉冲，在接收线圈中将重新出现一个幅值先增长后衰减的射频信号，在$t = T_E$处出现最大值，这一信号即是自旋回波。最大值决定于样品本身的T_2，改变180°脉冲个数可以得到不同时间间隔下的自旋回波，从而得到M_{Xt}—τ的关系曲线，求得T_2。

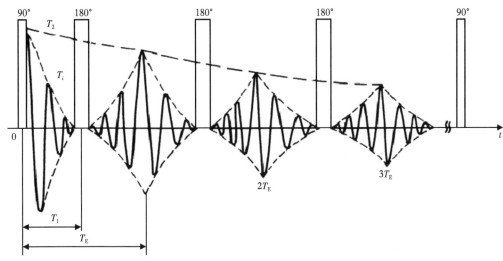

图2-2　自旋回波法的脉冲序列

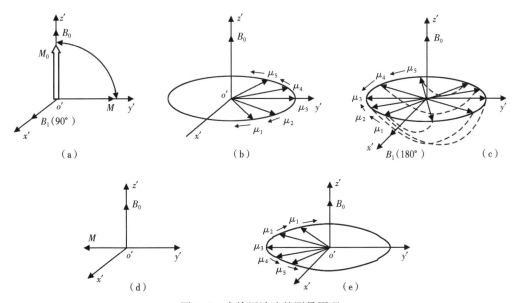

图2-3　自旋回波法的测量原理

7

二、储层岩石核磁共振弛豫机理

在核磁共振物理中弛豫是用来描述信号衰减快慢的，通常用弛豫时间的大小来量化，弛豫时间越小，说明弛豫速度越快，信号衰减也越快。

岩石由骨架和孔隙流体组成。实验观测表明，流体饱和在岩石孔隙中时其核磁共振弛豫比自由状态时要快得多（10~10000 倍）。原因在于，孔隙流体除了自由弛豫和扩散弛豫外，还受到一种新的弛豫机制（即表面弛豫）的作用，使弛豫速率大大加快，孔隙流体的纵向弛豫过程受到自由弛豫和表面弛豫两种机制的作用。分子扩散使各种弛豫机制相结合，弛豫速率加快。在满足快扩散的条件下，总的弛豫速率是单个弛豫机制引起的弛豫速率的和，单个孔隙仍然表现出单指数弛豫规律。

1. 表面弛豫

表面弛豫是与多孔介质孔隙大小相关的弛豫机制，表面弛豫发生在液体与固体的接触面，其弛豫的快慢由孔隙大小来决定，孔隙越小，弛豫的速度越快，通常发生在尺寸较小的孔隙内部。表面弛豫强度是岩石颗粒表面弛豫能力的定量表征，分别用符号 P_1（对 T_1）和 P_2（对 T_2）表示。如果只有较少的表面弛豫流体的大量自旋，弛豫速率就相对较慢，所以表面弛豫强度与孔隙比表面相乘可以得到表面弛豫：

$$\frac{1}{T_1} = P_1 \frac{S}{V} \tag{2-2}$$

$$\frac{1}{T_2} = P_2 \frac{S}{V} \tag{2-3}$$

式中，S/V 为岩石样品的比表面积，cm^{-1}。通过脉冲场梯度核磁共振、压汞毛管压力曲线、孔隙图像分析等方法均可以确定表面弛豫强度 P，岩石颗粒表面与胶结物的性质对 P 有影响，同时 P 也与温度及压力有关。

流体润湿在岩石颗粒的表面，NMR 实验期间，扩散将使分子有足够的机会与颗粒表面碰撞。分子碰撞颗粒表面时，会把核自旋的能量传递给表面，使质子自旋沿 B_0（B_0 为外加磁场强度，Gs）重新取向，由此引起纵向弛豫。同时，自旋被不可逆转地失相，引起横向弛豫的加速。岩石颗粒表面的顺磁离子，如铁、锰、铬、镍等，具有特别强的弛豫能力，只要它们存在，就会形成顺磁中心，对表面流体的 NMR 弛豫起控制作用。通常，砂岩含 1% 左右的铁，使其孔隙流体弛豫效率大为提高，超过碳酸盐岩。

2. 扩散弛豫

扩散弛豫是受孔隙内液体自身扩散影响的弛豫机制，扩散只影响体系的横向弛豫而不会影响体系的纵向弛豫，所以，只存在横向扩散弛豫。

磁场梯度中分子扩散会引起扩散弛豫。使用核磁共振测量致密油储层时，岩石中的磁场梯度有两个来源，一个来源于测量仪器；另一个是由孔隙流体之间的磁化率与岩石骨架颗粒的不同而引起的内部背景梯度磁场。例如，通常显示顺磁性的砂岩骨架颗粒，呈现弱逆磁性的油与水，在受到外加磁场作用时，颗粒与孔隙流体分界面上会产生一个磁场梯度，大小为：

$$G = B_0 \Delta X / r \tag{2-4}$$

式中，ΔX 为骨架颗粒与孔隙流体之间磁化率的差，cgs/cm^3；r 为孔隙半径，cm；G 为内部背景梯度磁场强度，Gs。由式（2-4）可得，当 r 很小时，内部背景梯度磁场强度 G 可能很大，有时甚至远远大于仪器建立的梯度磁场。

孔壁会对岩石孔隙中流体的扩散具有一定的限制，称为受限扩散。实验研究表明，此时的扩散系数随观测时间的增加而减小。对于短时扩散行为，视扩散系数的表达式可写成：

$$\frac{D(t)}{D_0} = 1 - \frac{4}{9\sqrt{\pi}}\frac{S}{V}\sqrt{D_{0t}} + O(D_{0t}) \tag{2-5}$$

式中，t 是扩散时间，s；D_0 是自由流体的扩散系数，cm^2/s；D（t）是扩散时间为 t 时观测的视扩散系数，cm^2/s。如果孔隙为球形，设直径为 d，则有 $S/V = 6/d$。此时，视受限扩散系数将随孔径线性减小，孔径越小，D（t）相对于 D_0 减少越快。而对于中等扩散时间的行为，由于部分分子开始进入邻近的孔隙之中，D（t）趋向于平缓，能够感受到孔径的分布和孔隙空间微观集合形态的变化。

在长时扩散行为中，通过分子的扩散，可以探测到孔隙空间的连通性。研究表明，随着扩散时间趋向于无限，将会出现：

$$\frac{D(t)}{D_0} \xrightarrow{\infty} \frac{1}{\xi} = \frac{F}{\theta} \tag{2-6}$$

式中，ξ 是孔隙弯曲程度的度量；F 是地层因素；θ 是孔隙度。因此，通过弯曲程度，视扩散系数与地层的电导率以及渗透率产生了联系。

3. 自由弛豫

自由弛豫指多孔介质孔隙内液体固有的弛豫机制，这与大多数液体体系的弛豫机制相同，其弛豫的快慢由液体的物理属性（黏度和化学成分）决定而与孔隙本身无关，通常发生在尺寸很大的孔隙内部或裂缝中。岩石孔隙中的非润湿相，颗粒表面不与亲水岩石孔隙中的油或气体接触，因而它们的特性与自由流体弛豫的一样，自由弛豫与扩散弛豫同时并存。水处于非常大的孔隙中时，如水与碳酸盐岩中的溶洞，极少与颗粒表面相互接触；非常黏的流体，如稠油等，它们的分子向岩石颗粒表面扩散的能力很小，虽然是润湿相，也以自由弛豫为主。另外，如铬盐钻井液滤液中的铬离子，因为孔隙流体中具有很高浓度的顺磁离子，所以其核自旋周围有很大的局部场，因而使得流体的弛豫时间变小，自由弛豫也成为主要因素。在静止状态下，岩石孔隙中的气体总是非润湿相，只有自由弛豫和扩散弛豫两种 NMR 弛豫机制，表面弛豫对其没有影响。

4. 岩石骨架固体的弛豫

核磁共振测量以氢核为观测对象，岩石骨架固体中，例如黏土及含有结晶水的其他矿物，都含有丰富的氢核。众所周知，它们会对中子测量产生影响，但对核磁共振测量致密油储层不会有贡献。一方面，固体中氢核的横向弛豫时间很短，仅数十微秒，在仪器采集回波信号之前早已全部衰减掉；另一方面，它们的纵向弛豫时间非常长，达数十秒，不易被运动中引起的磁场所磁化。

亲水岩石各部分质子（孔隙水、油、气以及矿物骨架中）的弛豫机制如表 2-1 所示。

表 2-1 亲水岩石的核磁共振弛豫机制

质子环境		T_1, s	T_2, μs	T_1/T_2
矿物骨架		10~100	10~100	10^6
水	砂岩中	表面弛豫	表面弛豫	~1.5
	溶洞中	自由弛豫[①]	自由弛豫[①]/扩散弛豫[①]	$T_1 > T_2$
油	稠油	自由弛豫[①]	自由弛豫[①]	$T_1 = T_2$
	轻质油	自由弛豫[①]	自由弛豫[①]/扩散弛豫[①]	$T_1 > T_2$
气		自由弛豫[①]	扩散弛豫[①]	$T_1 >> T_2$

[①]与骨架颗粒表面性质无关。

三、页岩油储层岩心核磁共振弛豫 T_2 谱的反演方法分析

核磁共振分析技术提供的油气藏流体特征和储集层参数，如储层孔隙度、孔径分布、束缚水与可动流体孔隙体积、渗透率以及储藏条件下流体扩散系数和黏度等信息，都需要经过一个基本的反演处理，即 NMR 弛豫信号的多指数反演，得到弛豫时间分布。储层孔隙介质核磁共振弛豫信号的多指数反演在 NMR 岩心分析与测井解释中起着关键作用。通过多指数反演，提取采集数据中的有效信号，能得到可靠的核磁共振弛豫分布谱。

在核磁共振基本原理和储层岩石弛豫机理分析的基础上，根据致密油储层岩心的特点，选取奇异值分解算法、变换反演算法、联合迭代重建算法、约束阻尼最小二乘反演算法等处理方法；通过大量的处理结果，综合对比分析各种处理方法的适用性。在改进相应算法的基础上，优选出适用于致密油储层岩心的核磁共振弛豫信号的最佳反演方法。

1. 岩石核磁共振信号的多指数特征

T_1 和 T_2 是描述岩石核磁共振信号弛豫特征的两个参数，由于 T_1 的测量时间很长，在岩石核磁共振中一般进行 T_2 测量，因此以下皆对 T_2 分布谱进行反演处理。

岩石孔隙是由一系列大小不等的孔隙群体组成的，单个孔隙的磁化强度信号的衰减满足单指数衰减规律：

$$s(t) = S_0 \exp(-t/T_2) \qquad (2-7)$$

而 NMR 测得的总弛豫信号 $y(t)$ 是一系列单个孔隙弛豫信号的叠加：

$$\left. \begin{array}{l} y(t) = \sum_i \left[f_i \exp\left(-\dfrac{t}{T_{2i}}\right) \right] \\ t = nT_E \end{array} \right\} \qquad (2-8)$$

式中，f_i 为第 i 类孔隙在核磁有效孔隙度中所占的份额；T_{2i} 为第 i 类孔隙的 T_2 弛豫时间；T_E 为回波间隔时间。

在实际测量过程中，测量仪器受到电子部件和环境的影响，不可避免地在测量数据中产生随机噪声，因此可将式（2-8）进一步描述为：

$$\left. \begin{array}{l} y(t) = \sum_i f_i \exp\left(-\dfrac{t}{T_{2i}}\right) + \varepsilon(t) \\ t = nT_E \end{array} \right\} \qquad (2-9)$$

2. 奇异值分解算法

奇异值分解（SVD）算法可以用来求解大多数线性最小二乘法问题。SVD 算法基于如

下分解定理：对任意的矩阵 $A_{m \times n}$，当其行数 m 大于等于列数 n 时，可以分解为正交矩阵 $U_{n \times n}$，非负对角矩阵 $W_{n \times n}$ 以及正交矩阵 $V_{n \times n}$ 的转置的乘积，即：

$$A_{m \times n} = U_{m \times n} \left[\mathrm{diag}(W_j) \right]_{n \times n} V_{n \times n}^{\mathrm{T}} \tag{2-10}$$

其中 $W_j \geqslant 0$；V、U 为正交矩阵，即满足：

$$\left. \begin{array}{l} \sum\limits_{i=1}^{m} u_{ij} u_{ik} = \delta_{jk} \\ \sum\limits_{i=1}^{m} v_{ij} v_{ik} = \delta_{jk} \end{array} \right\} \tag{2-11}$$

当 $m < n$，SVD 也可以执行，在这种情况下，奇异值 $W_j = 0$，并且 U 中相应列的值都为零，这时式（2-11）仅在 j，$k \leqslant m$ 时成立。因此不管矩阵 A 是否是奇异，式（2-10）总可以进行分解，而且这个分解几乎是唯一的。SVD 分解明确地构造了矩阵零空间和值域的正交标准化基，特别地，对 U 的列，若与其标号相同的元素 W_j 为零，则其列为值域的一个正交标准化的基础矢量；对 V 的列，若与其标号相同的 W_j 为零，则其列为零空间的一个正交标准化基。对于如下的多指数衰减 T_2 模型：

$$y = Mf \tag{2-12}$$

式中，$y = (y_1, y_2, \cdots, y_m)^{\mathrm{T}}$ 为测量的自旋回波衰减信号；$M = \left[m_{ij} \right]_{m \times n} = \left[\exp(-t_i / T_{2j}) \right]_{m \times n}$；$f = (f_1, f_2, \cdots, f_n)^{\mathrm{T}}$ 为弛豫时间 T_{2j} 对应的各点幅度值。

采用 SVD 分解法来求解上式，系数矩阵 $M_{m \times n} = U_{m \times n} \left[\mathrm{diag}(W_j) \right]_{n \times n} V_{n \times n}^{\mathrm{T}}$，这里 U、V 为正交矩阵，$\mathrm{diag}(W_j)$ 为对角矩阵，其对角元素呈递减排列，则可以很容易地求得最小二乘法意义下的解。

$$\hat{f} = V \left[\mathrm{diag}\left(\frac{1}{\omega_1}, \frac{1}{\omega_2}, \cdots, \frac{SNR}{\omega_n}, 0, \cdots, 0 \right) \right] (U^{\mathrm{T}} y) \tag{2-13}$$

其中 SNR 为从测量数据中估计出的信噪比，定义为第一个回波的幅度值除以误差矢量 r（$r = y - M \cdot f$）的标准差 σ。

该算法适合信噪比较高（$SNR \geqslant 80$）的数据的反演，当数据信噪比比较低时，反演结果的分辨率较低，有可能造成 T_2 谱的畸形，解会出现不规则的跳动。

3. 变换反演算法

给定如下的目标函数：

$$x^2 = \sum_{i=1}^{n} \left[y_i - \sum_{j=1}^{m} (f_j m_{ij}) \right]^2 + \lambda \sum_{j=1}^{m} f_j^2 = \| y - Mf \|^2 + \lambda \| f \|^2 \tag{2-14}$$

这里 $M = \left[m_{ij} \right] = \left[\exp(-t_i / T_{2j}) \right]$，$\lambda$ 为平滑因子。

对幅度 $f = (f_1, f_2, \cdots, f_m)^{\mathrm{T}}$ 的第 k 分量求极值并令其等于 0，则有：

$$\frac{\partial x^2}{\partial f_k} = -2 \sum_{i=1}^{n} \left[y_i - \sum_{j=1}^{m} (f_j m_{ij}) \right] m_{ik} + 2\lambda f_k = 0 \tag{2-15}$$

交换求和顺序，并移项整理，可得：

$$(M^{\mathrm{T}} M) f + I_{n \times n} f = M^{\mathrm{T}} y \tag{2-16}$$

11

对式（2-16）做如下变换，令：

$$f = M^{T}c \tag{2-17}$$

将式（2-17）代入式（2-14），则有：

$$(MM^{T} + \lambda I_{n \times n})c = y \tag{2-18}$$

通过求解方程的解 c，再通过线性转换回代就可以获得。选择合适的 λ，就可以很容易地求出方程的最小二乘解：

$$f = M^{T}(MM^{T} + \lambda I_{n \times n})^{-1}y \tag{2-19}$$

该算法采用变换的方式，将 T_2 域空间的解变换到时域空间进行求解，优点是算法在实现非负性限制条件时，可利用相邻点的 T_2 分布信息来保持 T_2 谱的连续性，并且其设计矩阵（$MM^{T} + \lambda I_{n \times n}$）的大小固定不变，总是 $n \times n$ 维的，算法稳定且容易实现。其反演结果的连续性好，可适应较低信噪比（$SNR > 20$）的数据反演，反演结果具有较高的分辨率，但缺点是当原始数据较大时，反演速度较慢。

4. 联合迭代重建算法

由 CPMG 自旋回波法测量得到弛豫信号，可以统一描述为：

$$y(t) = \sum_i p_i \exp\left(\frac{-t}{T_{2i}}\right) \tag{2-20}$$

反演就是要从式（2-20）中解出 p_i 随 T_2 的变化，从而得到所谓的 T_2 分布。上述方程可以进一步写成如下的形式：

$$Y = AP \tag{2-21}$$

式中，矩阵 Y 是测量的弛豫信号；P 是所要反演计算的 T_2 谱中各个弛豫时间所对应的谱幅度值。关于式（2-21）的实现步骤：首先，给定谱的初始模型 P'，求出预测弛豫信号 Y' 与实测弛豫信号 Y 的误差 ΔY：

$$\sum_{j=1}^{m}(a_{ij}\Delta p_j) = \Delta y_i \tag{2-22}$$

利用 Δy_i 求出弛豫谱幅度的修正量 Δp_i，这就是联合迭代重建算法（SIRT）实现的主要思想。

该算法简单，易实现，处理过程中不需要用户干预，也不需要预先设置很多复杂的反演控制参数，从而减少了人为因素造成的反演结果偏差。这种算法迭代收敛快，具有全局最优的优点，在全部测量弛豫信号都参与运算或弛豫布点数较多时，计算速度明显快于 SVD 算法。另外，该算法稳定，弛豫谱连续性好，可适用于较低信噪比的弛豫数据反演。

5. 约束阻尼最小二乘反演算法

NMR 测得的总弛豫信号 $y(t) = \sum_i \left[f_i \exp\left(-\frac{t}{T_{2i}}\right) \right]$，$t = nT_E$ 可以写成等价形式：

$$y = y(A, t) = \sum_{i=1}^{m}[a_i \exp(-t/T_i)] = X^{T}A \tag{2-23}$$

式中，m 为采样点数；$X(t)$ 为时间衰减向量，即：

$$X(t) = \left[1, \exp(-t/T_{21}), \cdots, \exp(-t/T_{2m}) \right]^{\mathrm{T}} \tag{2-24}$$

A 为拟合参数，向量为：$A = (a_1, a_2, \cdots, a_m)^{\mathrm{T}}$，$X(t)$ 和 A 为 m 维列向量；T_j（$j=1$, 2, 3, $\cdots$, n）是预先指定的衰减时间系数布点系列，在此采用在测量样品的最小、最大衰减时间系数区间 ($T_{\min}$, $T_{\max}$) 内按对数规律均匀地选取 n 个点。

拟合原理就是曲线拟合，利用式（2-23）对测量点进行最优拟合，确定极大似然估计参数值 A。定义曲线拟合价值函数 X^2：

$$X^2(A) = \sum_{i=1}^{N} \left[\frac{y_i - y(A, x_i)}{\sigma_i} \right]^2 \tag{2-25}$$

式中，y_i、σ_i 分别表示第 i（$1 \leqslant i \leqslant N$）个测量值和对应的测量误差；求和号表示对所有拟合偏差平方求和。X^2 为参数 A 的函数，它没有量纲，是一个纯粹的数。数学上服从 X^2 分布。拟合问题从数学上讲，即是寻求最优 A_0，使得当 $A \in \Omega$ 时，在约束条件 $A \geqslant 0$ 下，求 $X^2(A)$ 的最小值，其中 Ω 是参数 A 的值域。

在相同条件下测量时，可认为各个测量误差 σ_i 近似相同，式（2-25）中的分母项对 X^2 的求取没有时间影响，其物理意义实质上就是测量信号与拟合信号的平方差 R。即式（2-25）可以表示为：

$$R = [Y - y(A)]^{\mathrm{T}} [Y - y(A)] = Y^{\mathrm{T}}Y - 2Y^{\mathrm{T}}y + y^{\mathrm{T}}y \tag{2-26}$$

式中，$Y = (y_1, \cdots, y_N)^{\mathrm{T}}$，为 N 维测量向量；$y(A) = [y(A, t_1), \cdots, (A, t_N)]^{\mathrm{T}}$，为 t_i 时刻的 N 维拟合向量。记 $N \times m$ 阶方阵：

$$\begin{bmatrix} e^{-t_1/T_1} & e^{-t_1/T_2} & \cdots & e^{-t_1/T_m} \\ e^{-t_2/T_1} & e^{-t_2/T_2} & \cdots & e^{-t_2/T_m} \\ \cdots & \cdots & \cdots & \cdots \\ e^{-t_N/T_1} & e^{-t_N/T_2} & \cdots & e^{-t_N/T_m} \end{bmatrix} = C$$

则由式（2-23）可以看出 $y = CA$，代入式（2-26），有：

$$R(A) = Y^{\mathrm{T}}Y - 2Y^{\mathrm{T}}CA + A^{\mathrm{T}}C^{\mathrm{T}}CA \tag{2-27}$$

这是一个典型的关于参数向量 A 的二项式，即最优化问题：

$$\min R(A) = Y^{\mathrm{T}}Y - 2Y^{\mathrm{T}}CA + A^{\mathrm{T}}C^{\mathrm{T}}CA \tag{2-28}$$
$$\text{st.} \, A \geqslant 0$$

式（2-28）表示幅度的可取值域，它们构成了带"束缚条件"的拟合问题。这里选用"惩罚函数法"，目的是实现非负性条件的限制，保证相邻点的弛豫谱信息分布的连续性，由此构造一个新函数 R'，即：

$$R' = R(A) + \alpha \sum_{j=0}^{m} \left[A_j^2 \delta(A_j) \right] \tag{2-29}$$

其中，$\alpha > 0$ 为常数；δ 为阶梯函数：

$$\delta(x) = \begin{cases} 0 & x \geqslant 0 \\ 1 & x < 0 \end{cases} \qquad (2-30)$$

然后，在 A 的值域内求：

$$\min R'(A) \qquad (2-31)$$

显然当参数脱离值域时，R' 会骤然增大，停止运算。约束阻尼最小二乘反演算法的实现流程图如图 2-4 所示。

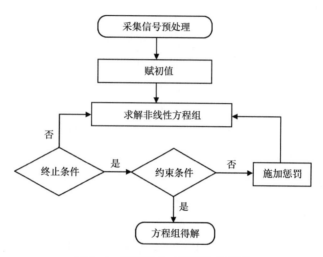

图 2-4　阻尼最小二乘算法流程图

6. 反演算法的对比分析

构造分别具有单峰、双峰、三峰的三种峰态的 6 条构造谱，通过正演模拟计算得到 6 条原始回波数据，利用变换反演算法、联合迭代重建算法、约束阻尼最小二乘反演算法分别对其进行反演处理，分析三种算法的反演效果，比较优缺点。

根据上面介绍的各种反演算法，采用 MATLAB 编程分别对 6 条构造谱进行计算，反演结果如图 2-5 至图 2-10 所示。

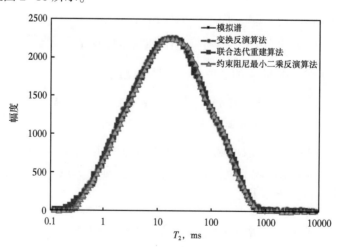

图 2-5　小孔占优单峰反演结果对比

从图2-5和图2-6可以看出，变换反演算法、联合迭代重建算法、约束阻尼最小二乘反演算法对单峰的解谱情况差异不大，都可以很快地反演出结果。

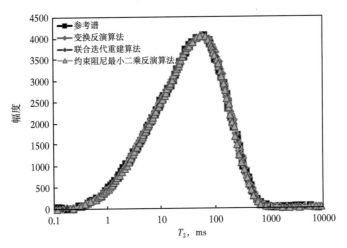

图2-6　大孔占优单峰反演结果对比

双峰的解谱对比结果显示（图2-7、图2-8），联合迭代重建算法反演时，虽然仍具有双峰态，但其解谱能力明显较变换反演算法与约束阻尼最小二乘反演算法的解谱能力差。

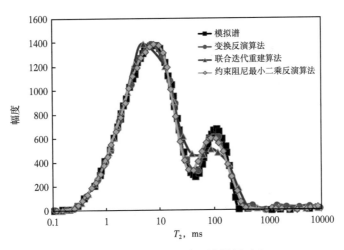

图2-7　小孔占优双峰反演结果对比

随着峰的增加，三种算法解谱能力的对比效果更加明显（图2-9、图2-10），联合迭代重建算法已经不能反演出三峰，长弛豫部分的回波串反演效果较好，但对短弛豫部分的回波串反演能力差，而变换反演算法与约束阻尼最小二乘反演算法仍可以反演出三峰谱。从图2-9和图2-10中可以看出，前者反演出的短弛豫部分峰值较低，对微孔隙或短弛豫部分的解谱能力较弱，而且布点数小于256个时只能较好地反演出双峰，后者则具有明显优势。因此，对于孔隙结构复杂的致密油储层岩心，使用约束阻尼最小二乘反演算法更为合适。

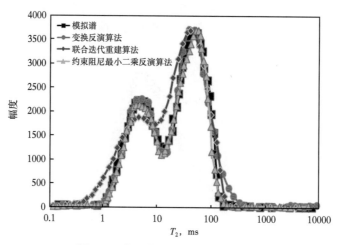

图 2-8 大孔占优双峰反演结果对比

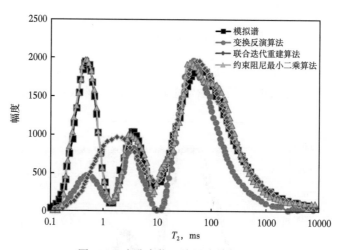

图 2-9 小孔占优三峰反演结果对比

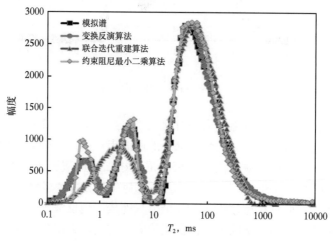

图 2-10 大孔占优三峰反演结果对比

7. 反演参数的影响分析

根据前面的反演算法对比分析结果，致密油储层岩心使用约束阻尼最小二乘反演算法更为合适。但是，孔隙介质核磁共振测量多指数反演的结果受多种影响因素控制，如横向弛豫时间布点数、原始回波采集个数等；也有算法本身的影响因素，如不同的正则化参数对高低信噪比的响应特征等。

为了确定约束阻尼最小二乘反演算法的反演条件，构造一个具有典型特征的模拟弛豫时间谱，分别设定不同布点个数、回波个数、噪声大小，使用约束阻尼最小二乘反演算法反演核磁共振弛豫信号，分析各因素对反演结果的影响。

（1）正演原始回波数据。

根据核磁共振岩心分析的响应原理，进行正演数值模拟。首先分别构造一个具有典型特征的模拟弛豫时间谱，然后在不同信噪比下，利用下式进行多指数正演数值计算，得到反演所需的原始回波数据：

$$\left. \begin{aligned} y(t) &= \sum_i \left[f_i \exp\left(-\frac{t}{T_{2i}} \right) \right] \\ t &= n T_E \end{aligned} \right\} \tag{2-32}$$

构造弛豫时间谱如图 2-11 所示，不同信噪比下正演模拟出的原始回波数据如图 2-12 所示，回波个数为 1024，回波间隔为 0.35ms。

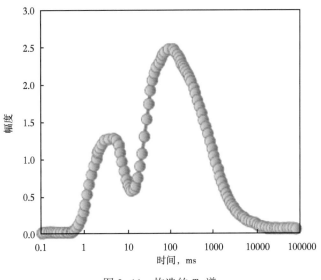

图 2-11　构造的 T_2 谱

（2）分析布点个数的影响。

弛豫时间谱的布点个数，即反演时设定的弛豫分量的个数，对多指数反演有一定的影响。现使用约束阻尼最小二乘反演算法对无噪声（$SNR = \infty$）理想回波串进行反演，考察不同布点数对反演结果的影响。T_2 谱的布点在 0.1～10000ms 区间内，分别用 128 点、64 点、32 点、16 点、8 点进行对数均匀布点，反演结果如图 2-13 所示。

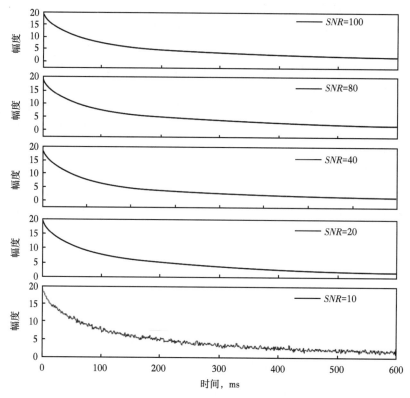

图 2-12 正演模拟的回波串信号

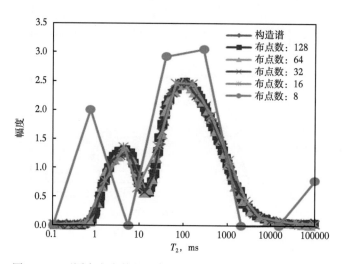

图 2-13 不同布点个数的约束阻尼最小二乘反演算法反演结果

根据图 2-13 反演结果可看出，大于 32 的布点数反演的 T_2 谱与构造的 T_2 谱的差异较小，随着布点数的减小，反演结果与构造谱的差异有所增加。这是因为对于同一样品其所有 T_2 分量的累加和（经过标定即为孔隙度）是定值，若所选择的布点范围较宽，当布点个数较少时，弛豫时间谱的分辨率较低，不能精细地反映储层孔隙结构；当布点个数较多时，参与反演的弛豫分量的个数较多，可以提高弛豫谱对孔隙结构的分辨率。但是，布点数越多需要反演的矩阵的列数就越大，算法的计算速度就越慢。

因此，致密油储层岩心分析时布点数还需要结合实验结果确定合适的区间范围。

（3）分析回波个数的影响。

回波个数的多少与回波间隔的大小会影响数据采集的质量。反演得到的 T_2 谱常会出现不收敛的形状。引起这种不收敛的主要原因是所设置的回波间隔较小而采集的回波个数又不足，导致长弛豫组分的信号采集不充分。图 2-14 是在固定回波间隔、设定 $SNR=100$ 的条件下，将正演模型模拟得到的回波个数（NE）从 1024 逐渐减小到 64，得到一系列的不同回波个数的回波串，然后分别进行反演得到的一组 T_2 谱。从图 2-14 中可以看到，随着回波个数的减小，长弛豫分量的分布越来越分散，弛豫谱逐渐趋向于不收敛。

因此，信号采集时要设置合理的采集时间和采集足够的回波个数，尽量充分采集长弛豫组分的极化信号。

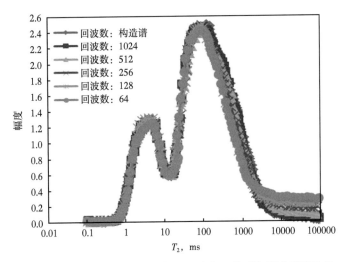

图 2-14　不同回波个数的约束阻尼最小二乘反演算法反演结果

（4）分析信噪比的影响。

在实际测量过程中，测量仪器受到电子部件和环境的影响，不可避免地在测量数据中产生随机噪声，噪声的大小会对反演结果带来很大的影响。为了研究约束阻尼最小二乘反演算法所允许的最大噪声范围，在上述构造的理想无噪声回波衰减信号中，逐点加上随机高斯白噪声，构造出不同信噪比的回波串（图 2-15），研究了噪声对处理谱的影响。

对 $SNR=\infty$，100，80，40，20，10 的 6 个回波串（其中 $SNR=\infty$ 为无噪声的回波串）分别进行反演，反演中均采用对数均匀布点，布点区间为 $0.1\sim100000$ms，布点数为 32。图 2-15 显示了反演的 6 个 T_2 谱的对比结果，从图 2-15 可以看出，对于双峰结构的模型，反演 $SNR>20$ 的回波串，得到的 T_2 谱与构造谱相似性很好，能很好地反映双峰结构，差异小。而 $SNR<20$ 的回波串，由于噪声过大，假峰的贡献越来越大，导致出现多峰态，使信号失真，不能大致反映原始信号的信息。

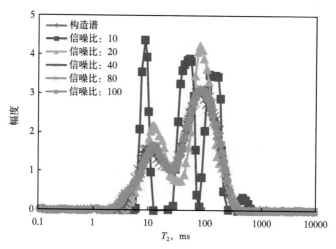

图 2-15　不同信噪比的约束阻尼最小二乘反演算法反演结果

第二节　页岩油储层岩石参数的核磁共振分析方法

在致密油储层岩石核磁共振弛豫反演的基础上可获得弛豫时间谱，孔隙度、渗透率、孔隙结构等致密油储层岩心参数可由弛豫时间谱求取。根据现有储层岩石参数的核磁共振分析方法，致密油储层岩石及其核磁共振弛豫的特点，分析影响孔隙度、渗透率、孔隙结构等参数核磁共振分析的主要因素，探讨和完善提高各参数计算精度的处理方法。

一、孔隙度的核磁共振分析方法

岩样中所有孔隙空间体积之和与该岩样体积的比值，称为该岩石的总孔隙度，以百分数表示。有效孔隙度是指那些互相连通的，在一般压力条件下可以允许流体在其中流动的孔隙体积之和与岩样总体积的比值，以百分数表示。

由核磁共振弛豫机制可知，岩石中不同类型孔隙中的流体具有不同的弛豫时间，与常规岩心分析相比，利用核磁共振测量不仅能够得到与岩性无关的岩石总孔隙度、黏土束缚水孔隙度、毛管束缚水孔隙度以及可动流体孔隙度，还可快速提供多种类、高精度的岩石孔隙度参数。

1. 孔隙度测量的基本原理

核磁共振测量信号的强度与岩石孔隙流体中氢核含量相关。如果观测信号能够正确地反映宏观磁化强度 M，那么它在零时刻的数值大小将与岩石孔隙中的含氢总量成正比。因此，经过恰当的标定，即可把零时刻的信号强度标定为岩石的孔隙度。又由于弛豫机制和弛豫速率的差异，不同孔径大小的孔隙中的流体具有不同的观测弛豫速率，出现在 T_2 分布的不同位置上，因此可以进一步把黏土束缚水、毛管束缚水以及自由流体等各个部分区分开来。黏土束缚水的横向弛豫时间一般很短，如果回波间隔取得比较长，在第一个回波被观测到之前，其信号就已经完全衰减掉，对观测信号不会有贡献；而如果采用很短的回波间隔，提高对短弛豫分量的分辨能力，则可以单独或同时观测到黏土束缚水的信号。

2. 孔隙度测量的基本方法

核磁共振有效孔隙度与核磁共振总孔隙度的求取方法常用的为:

$$\phi_e = P_4 + P_{2A} + \cdots + P_{10A} \tag{2-33}$$

$$\phi_t = P_{0.5} + P_1 + P_2 + P_4 + P_{2A} + \cdots + P_{10A} \tag{2-34}$$

式中,ϕ_t 是总孔隙度,%;ϕ_e 是有效孔隙度,%;$P_{0.5}$,P_1,P_2,P_4 分别表示 0.5ms,1ms,2ms,4ms 孔隙度,%;P_{2A},$\cdots$,P_{10A} 分别是 8ms,$\cdots$,2048ms 孔隙度,%。

随着岩石孔隙结构的复杂、分选的变差、颗粒的变细、泥质含量的增加,NMR 测量孔隙度与常规孔隙度差异逐渐增大,甚至达到 2%~10%,影响了 NMR 测量的应用效果。分析 NMR 测量孔隙度与常规孔隙度的差异,NMR 孔隙度受到回波间隔 T_E、轻烃或稠油、顺磁物质及采集方法的影响。

黏土含量较高的岩石,只有当回波时间小于 0.3ms 时,核磁共振岩心分析才能测出岩石的总孔隙度,随着回波时间的延长,核磁共振总孔隙度减小。图 2-16 是不同回波间隔下核磁孔隙度与水孔隙度的对比图,当回波间隔为 0.2ms 时,核磁共振总孔隙度与水孔隙度相关性较好,数据点分布在 45°线周围;当回波间隔为 0.9ms 时,核磁共振总孔隙度小于水孔隙度,这是由于当回波间隔为 0.9ms 时,NMR 探测不到包含孔隙流体中所有氢核的响应,储层中弛豫时间非常小的部分黏土束缚水等信号会被丢失。

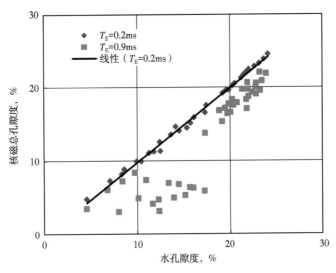

图 2-16 不同回波间隔核磁孔隙度与水孔隙度对比图

二、渗透率核磁共振分析方法

核磁共振测量岩心渗透率是通过渗透率与核磁共振特性之间的相关性分析来建立相应的渗透率模型。核磁共振测量是目前公认的确定渗透率精度最高的测量方法。因此,研究致密油储层岩心渗透率的核磁共振分析方法,准确地确定致密油储层的储层渗透率,进而确定油水相渗透率,对储层评价具有重要意义。

渗透率是反映孔隙介质允许流体通过能力的参数,核磁共振测量是通过分析渗透率与核磁共振特性之间的相关性来建立相应的渗透率模型。渗透率、孔隙度、岩石比表面之间的基本关系可由 Kozeny 公式确定。由 Kozeny 公式，再加上岩石孔隙比表面与岩石核磁共振弛豫时间之间的相关性，储层渗透率的核磁共振估算方法即可得以建立：

$$K = \frac{0.101\phi^3}{\Gamma(1-\phi)^2}\left(\frac{S}{V}\right)^2 \qquad (2\text{-}35)$$

式中，K 是岩石的渗透率，mD；ϕ 是孔隙度，%；S/V 是岩石的比表面；Γ 为相互连通孔隙的弯曲度，取决于孔隙的形状及单位长度内多孔固体中流体流过的路径。

根据 Kozeny 公式可知，渗透率不只与岩石孔隙度有关，还与孔隙的几何形状有关，即与岩石孔隙比表面相关。

1. 绝对渗透率的核磁共振测量

核磁共振测量是目前唯一能够获得连续渗透率测量结果的方法，是一种间接的渗透率计算方法。NMR 测量信息反映的是一个静态信息，故由 NMR 测量资料计算得到的渗透率为岩石的静态渗透率，也就是绝对渗透率。

核磁共振测量除能够准确提供储层总孔隙度、有效孔隙度、可动流体孔隙度外，还能够进行孔隙结构描述，该方法避开了岩性的影响，可以更准确地提供储层物性资料，进行高精度的渗透率评价，是目前最有效的渗透率评价方法。

（1）Coates 束缚水—渗透率模型。

Coates 综合利用自由流动指数、束缚水体积和孔隙度，提出了计算绝对渗透率的解释模型，即 Coates 模型，计算公式为：

$$K = \left(\frac{\phi}{C}\right)^4\left(\frac{FFI}{BVI}\right)^2 \qquad (2\text{-}36)$$

式中，K 是渗透率，mD；FFI 是自由流体体积，%；BVI 是束缚流体体积，%；C 是地区经验参数，无量纲；ϕ 是核磁共振总孔隙度，%。

Coates 模型是综合了孔隙度和孔径大小的共同影响因素，充分利用了核磁共振技术的优势，利用与孔径大小相关的毛管束缚流体孔隙体积和自由流体体积比值和岩石比表面的关系，通过核磁共振特性与渗透率的相关分析建立的渗透率经验公式。

为了扩展式（2-36）应用范围，修改后的计算公式为：

$$K = \left(\frac{\phi}{C}\right)^m\left(\frac{FFI}{BVI}\right)^n \qquad (2\text{-}37)$$

式中，C，m，n 均为地区经验参数。

理论上，对于特定的岩石，其束缚水含量越高，储层的渗透性越差，所以束缚水的确定方法对渗透率的计算结果有很大影响。利用 Coates 模型，最主要的是确定束缚流体体积，束缚流体体积能否准确地确定直接影响绝对渗透率的计算。因此，为了提高束缚水绝对渗透率和饱和度的计算精度，可以先用 Coates 模型来确定束缚水的饱和度，然后再计算绝对渗透率。

（2）SDR 弛豫时间—渗透率模型。

Kenyon 等提出了利用 T_2 几何平均值与孔隙度计算绝对渗透率的解释模型：

$$K = C_3 \left(\frac{\phi_{\mathrm{NMR}}}{100} \right)^4 T_{2\mathrm{gm}}^2 \tag{2-38}$$

式中，ϕ_{NMR} 是盐水饱和岩心样品的 NMR 孔隙度，%；$T_{2\mathrm{gm}}$ 是 T_2 几何平均值，ms。

2. 相对渗透率的核磁共振测量

相对渗透率或称有效渗透率，是岩石—流体相互作用的动态特性参数，也是油藏开发计算中最重要的参数之一，反映了岩石中有两种以上流体共流时，其中某一相流体的通过能力。相对渗透率是多相流体共存时，每一相流体的有效渗透率与一个基准渗透率的比值。在岩心实验的基础上建立了多种确定相对渗透率的经验方法，目前广泛应用的相对渗透率模型主要有 4 种。

（1）Prison 模型。

Prison 模型能较好地描述干净、亲水、颗粒状岩石的归一化的相对渗透率，计算公式为：

$$K_{\mathrm{rw}} = \left(\frac{S_{\mathrm{w}} - S_{\mathrm{wb}}}{1 - S_{\mathrm{wb}}} \right)^m S_{\mathrm{w}}^n \tag{2-39}$$

$$K_{\mathrm{ro}} = \left(1 - \frac{S_{\mathrm{w}} - S_{\mathrm{wb}}}{1 - S_{\mathrm{wb}} - S_{\mathrm{hr}}} \right)^h \tag{2-40}$$

式中，K_{rw} 是计算的水相相对渗透率；K_{ro} 是计算的油相相对渗透率；S_{w} 是含油饱和度，%；S_{wb} 是总束缚水饱和度，%；S_{w} 是含水饱和度，%，S_{hr} 是残余油饱和度，%；m，n，h 是地区经验系数。

（2）Jones 方法。

Jones 提出了以水—油和气—油相对渗透率作为含水饱和度和束缚水饱和度的函数的数学关系式：

$$K_{\mathrm{rw}} = \left(\frac{S_{\mathrm{w}} - S_{\mathrm{wb}}}{1 - S_{\mathrm{w}}} \right)^m \tag{2-41}$$

$$K_{\mathrm{ro}} = \left(\frac{0.9 - S_{\mathrm{w}}}{0.9 - S_{\mathrm{wb}}} \right)^n \tag{2-42}$$

（3）乘方公式。

$$K_{\mathrm{rw}} = \left(\frac{S_{\mathrm{w}} - S_{\mathrm{wb}}}{1 - S_{\mathrm{wb}}} \right)^m \tag{2-43}$$

$$K_{\mathrm{ro}} = \left(1 - \frac{1 - S_{\mathrm{w}}}{1 - S_{\mathrm{wb}} - S_{\mathrm{hr}}} \right)^n \left[1 - \left(\frac{1 - S_{\mathrm{w}}}{1 - S_{\mathrm{wb}}} \right)^h \right] \tag{2-44}$$

（4）普适公式。

$$K_{\mathrm{rw}} = \left(\frac{S_{\mathrm{w}} - S_{\mathrm{wb}}}{1 - S_{\mathrm{wb}}} \right)^m \tag{2-45}$$

$$K_{\mathrm{ro}} = \left(1 - \frac{S_{\mathrm{w}} - S_{\mathrm{wb}}}{1 - S_{\mathrm{wb}} - S_{\mathrm{hr}}} \right)^n \left[1 - \left(\frac{S_{\mathrm{w}} - S_{\mathrm{wb}}}{1 - S_{\mathrm{wb}} - S_{\mathrm{hr}}} \right)^h \right] \tag{2-46}$$

这4种相对渗透率计算方法均涉及地区经验系数的确定，不同方法、不同地区经验系数值不同。

三、孔隙结构的核磁共振分析方法

孔隙结构指岩石所有的孔隙和喉道的几何形状、大小、分布及相互连通关系。目前研究孔隙结构的方法主要为毛管压力曲线法、孔隙铸体薄片分析和扫描电镜法。其中毛管压力曲线法以其测量速度快，对样品的形状、大小要求不严并且可以测定不规则岩屑的毛管压力等优点而得到广泛应用。随着核磁共振测井的广泛应用，对于利用核磁共振法评价储层孔隙结构的应用研究越来越成熟，广泛用于研究岩石孔隙结构、评价岩石储集性能好坏及微观孔隙结构参数的评价。对于致密油储层，通过研究储层的孔隙结构，可以有效地识别致密成因，对致密油储层进行更有效的评价。

1. T_2 谱计算孔隙结构理论基础

由物理学的理论知识可知，毛管压力与毛管孔径之间的关系为：

$$p_c = 2\sigma\cos\theta/r_c \qquad (2-47)$$

式中，p_c 为毛管压力，MPa；σ 为流体界面张力，N/cm；θ 为润湿接触角，（°）；r_c 为毛管半径。

对汞，$\sigma = 49.44$N/cm，$\theta = 140°$，略去负号，则有：

$$p_c = 0.735/r_c \qquad (2-48)$$

由孔隙流体核磁共振弛豫机制可知，观测到的 T_2 可以描述为：

$$\frac{1}{T_2} = \frac{1}{T_{2B}} + \frac{1}{T_{2S}} + \frac{1}{T_{2D}} = \frac{1}{T_{2B}} + \rho_2\frac{S}{V} + \frac{D(\gamma GT_E)^2}{12} \qquad (2-49)$$

式中，T_2 是孔隙流体横向弛豫时间，ms；T_{2B} 是流体体弛豫时间，ms；T_{2S} 是流体表面弛豫时间，ms；T_{2D} 是流体扩散弛豫时间，ms；ρ_2 是弛豫率，μm/ms；S/V 是孔隙比表面，孔隙比表面与孔隙半径的关系为 $S/V = F_s/r$；F_s 为孔隙形状因子，μm^{-1}。

对于单相流体，则其 T_{2B} 为常数，在水润湿岩石中，对于饱和水孔隙而言，T_{2B} 的数值通常在 2~3s，要比 T_2 大得多，即 T_{2B} 远远大于 T_2。因此，式（2-49）中右边的第一项可忽略。对于单相流体、固定回波间隔 T_E，其扩散项 $D(\gamma GT_E)^2/12$ 基本上为常数，当磁场均匀或者 GT_E 足够小时，式（2-49）中右边的 $\dfrac{D(\gamma GT_E)^2}{12}$ 也可忽略。所以横向弛豫时间与孔隙的比表面 S/V 之间的关系为：

$$\frac{1}{T_2} = \rho_2\frac{S}{V} \qquad (2-50)$$

因此，$1/T_2$ 与 $\rho_2 S/V$ 成正比，孔径越大，其 T_2 衰减越慢；孔径越小，T_2 衰减越快，由式（2-50）可以得出，弛豫时间 T_2 和孔隙比表面有关。如果孔隙空间相同，越复杂的孔隙结构，比表面就越大，T_2 时间就越短。由式（2-50）可以看出，具有粒间孔隙的岩石，其横向弛豫时间 T_2 的大小主要是由岩石特性和孔隙比表面的大小所决定的。式（2-50）可改写为：

$$\frac{1}{T_2} = \rho_2 \left(\frac{F_S}{r_c} \right) = \frac{C}{r_c} \tag{2-51}$$

式中，C 为横向转换系数。

由式（2-51）可看出，孔隙半径与 T_2 成正比，利用 C，即可完成二者的转换。

由式（2-51）可得，在 T_2 分布已知的条件下，孔径分布曲线可近似得到，并将得到的孔径分布曲线称之为伪孔径分布曲线；对伪孔径分布曲线进行积分，毛管压力曲线就可以近似得到，得到的毛管压力曲线称之为伪毛管压力曲线。

核磁共振测量提供的按孔隙度刻度的 T_2 谱曲线，反映了孔隙大小分布，大孔隙组分对应较大的 T_2，小孔隙组分对应较小的 T_2，利用饱和水的岩心测量的 T_2 谱，可以比较真实可靠地反映岩石的孔隙结构。

2. T_2 与 r 的横向转换方法

C 的确定多用 T_2 谱与压汞实验孔喉分布微分相似性原理。该方法的一个关键假设条件是核磁共振 T_2 谱曲线与毛管压力曲线的形态完全一致，但是实际上并不是完全的一致。因此，直接利用微分相似原理确定横向转换系数的方法并不对所有的岩心均适用。针对致密油储层的特性，依据 T_2 谱与压汞实验孔喉分布的对比，提出利用确定压汞孔径分布曲线孔径左右边界的方法完成核磁共振实验 T_2 分布与压汞孔径分布的横向转换。

横向转换系数 C 的确定对于毛管压力的求取至关重要。T_2 与 r 之间具有关系 $T_2 = Cr$，可以将 T_2—A_m 核磁共振实验 T_2 分布与压汞毛管压力微分曲线 r—ΔS_{Hg} 重合在一张图上，这样就能够确定 C 的大小，实现 T_2 与 r 的横向转换。由岩心核磁共振实验 T_2 谱可确定岩心核磁实验 T_2 谱 T_2 的左、右边界 T_{min}，T_{max}，由岩心压汞孔径分布曲线可确定压汞孔径 r 的左、右边界 RR_{min}，RR_{max}。

设压汞孔喉半径曲线在区间 $[RR_{min}, RR_{max}]$ 内的数据个数为 m，核磁共振实验 T_2 谱在区间 $[T_{min}, T_{max}]$ 内的数据个数为 n，将 r—ΔS_{Hg} 曲线在区间 $[RR_{min}, RR_{max}]$ 内采用三次样条插值方法生成连续函数。由于压汞实验孔喉半径曲线和核磁共振实验 T_2 谱均是在对数坐标下均匀采样，核磁共振 T_2 谱在区间 $[T_{min}, T_{max}]$ 内，T_{2i} 所对应的孔喉半径 r_i 为：

$$r_i = 10^{\frac{\lg R_{max} - \lg R_{max}}{n-1}(i-1) + \lg R_{min}} \tag{2-52}$$

为了在无压汞测量资料的情况下有效完成 T_2 与 r 的横向转换，需提出一种能够连续确定压汞孔径分布曲线左、右边界的方法。通过查阅文献可知，压汞孔径分布曲线的孔径左边界是一致的。将统计得到的压汞孔径分布曲线的孔径右边界与 T_2 谱的左右边界、压汞孔径分布曲线的最小孔径进行建模，关系式为：

$$R_{max} = 10^{0.74(\lg T_{max} - \lg T_{min}) - 0.018 + \lg R_{min}} \tag{2-53}$$

确定连续的孔喉半径曲线的左、右边界后，结合 T_2 谱的左右边界，利用式（2-53）即可连续完成 T_2 谱与压汞伪孔径分布的横向转换。

3. T_2 与 r 的纵向转换方法

利用 C 将 T_2 转换成压汞孔喉半径 r 后，为得到不同毛管压力情况下的进汞饱和度增量，必须将经过横向转换系数刻度后的伪毛管压力曲线幅度增量经过刻度转换为进汞饱和度增量。所以，在此提出利用改进的分段等面积刻度方法使得经横向转换后伪毛管压力微分曲线的包络面积等于实测压汞微分曲线的包络面积。针对核磁共振实验与核磁共振测井 T_2 谱布点方式、布点个数的不同和各实验室压汞孔径分布 r 的采样间隔不同，定义纵向转换系数时特别考虑 T_2 谱、压汞孔径分布 r 的采样间隔。该方法具体步骤为：

（1） T_2 谱与毛管压力微分曲线重叠到一起，确定分段拐点；

（2）在拐点处将 T_2 谱分为小孔径部分（主要指毛管束缚流体部分）和大孔径部分（可动流体部分），分别计算大、小孔径部分压汞微分曲线和 T_2 谱曲线的包络面积；

（3）分别将大、小孔径部分的压汞微分曲线包络面积与 T_2 谱曲线包络面积相比，即得到大、小孔径部分的转换系数为

$$D_i = \sum_{j=M_1}^{N_1} (\Delta S_{\mathrm{Hg},j} \Delta r_j) \Big/ \sum_{i=M}^{N} (A_{\mathrm{m},j} \Delta T_{2i}) \tag{2-54}$$

$$D_i = \sum_{j=1}^{N_1} (\Delta S_{\mathrm{Hg},j} \Delta r_j) \Big/ \sum_{i=1}^{N} (A_{\mathrm{m},j} \Delta T_{2i}) \tag{2-55}$$

式中，D_1 为大孔径部分纵向转换系数，无量纲；D_2 为小孔径部分纵向转换系数，无量纲；$S_{\mathrm{Hg},j}$ 为压汞孔径分布曲线第 j 个孔径的孔径分布频率，无量纲；$A_{\mathrm{m},j}$ 为核磁共振实验 T_2 谱第 j 个分量幅度，无量纲；Δr_j 为压汞微分曲线中孔径在对数坐标下的增量，一般为定值，$\mu\mathrm{m}$；ΔT_{2i} 为核磁实验 T_2 谱在对数坐标下 T_2 的增量，一般为定值，ms；M_1 为孔径尺寸分界拐点处对应的压汞分量数，无量纲；M 为孔径尺寸分界拐点处对应的 T_2 谱经横向刻度转换后伪毛管压力曲线的分量数，无量纲；N_1 为压汞曲线分量数，无量纲；N 为 T_2 谱经横向刻度转换后伪毛管压力曲线的总分量数，无量纲。

不同岩样纵向转换系数不同，同一岩样其 D_1、D_2 也可能不同。

第三节　页岩油储层岩心的核磁共振检测技术研究

为了探索致密油储层岩心样品核磁共振检测的最佳实验条件，在致密油储层岩石核磁共振谱理论分析的基础上，结合大量典型岩心的实验测量结果，系统地分析重复采样次数、半回波时间、反演时间、样品几何形状等各个测量参数，对致密油储层岩心核磁共振检测的影响规律。

核磁共振能反映岩样的所有孔隙空间分布，具有快速、无损害、反映孔隙信息全面等特点。根据前面理论分析和相关实验结果可知，核磁共振检测各个参数的设置对测量结果有较大影响，并且致密油储层岩心因孔隙度低、渗透率低而导致所含氢核量少，信号强度低，对检测结果产生的影响会更大。为了实现对致密油储层岩心的有效检测，研究各个参数的影响规律，优化各个参数的设置，开展了较为系统的检测实验条件探索性研究。

若能在束缚水状态下找到适宜于测量致密油储层岩心的实验参数，那么在饱和水之后，由于信号的增加，所得的结果将更加稳定，必然能够更好地反映致密油储层岩心的内在信息，同时可以节约大量饱和的时间，加快实验进度。

基于上述分析，选取吉 30 井 4156.77m 和吉 174 井 3144.13m 处的各种性质差异明显的典型岩心，在束缚水状态下直接测量，并用其他较为有特点的岩心加以验证、分析，从

而确定最佳实验参数。

一、实验样品与实验仪器

1. 实验样品

选取的两个大块典型致密油储层岩心的相关参数见表 2-2，外观照片如图 2-17 所示。从选择的岩心块中各取出若干小岩块样品用于实验测量，小岩块样品直径大小为 1cm 左右。

表 2-2　实验岩心样品的相关参数

样品编号	井号	样品深度 m	层位	岩性	孔隙度,%	渗透率 mD
2013-sd013	吉 30	4156.77	P_2l_1	灰色云质粉砂岩	5.2	0.004
2013-sd017	吉 174	3144.13	P_2l	灰色云质砂岩	9.5	0.022

图 2-17　选取的两个大块典型致密油储层岩心外观照片

2. 实验仪器

使用的 NMI20-Analyst 核磁共振成像分析仪如图 2-18 所示，由上海纽迈电子科技有限公司生产。仪器主要技术参数为：

（1）主磁场为 0.51T，磁场均匀度为 12.0ppm（10mm×10mm×10mm）；

（2）H 质子共振频率为 21.7MHz；

图 2-18　NMI20-Analyst 核磁共振成像分析仪

（3）腔体温度精度为±0.02℃；

（4）射频功率为50W；

（5）探头线圈尺寸标配15mm，选配5mm，10mm；

（6）最大有效样品检测范围为12.8mm×12.8mm×20.0mm；

（7）自动寻找中心频率，具有90°和180°校正功能；

（8）CPMG回波峰点数可达20000个，最大采样点数为1000000个；

（9）最短回波时间小于160μs，可准确分辨80μs至14s的弛豫时间。

二、探寻合适的半回波时间

1. 回波数据串

样品2013-sd013进行核磁共振分析时，发现样品的T_2十分短，所以选择较小的半回波时间τ（40μs，60μs和80μs），得出的回波数据串如图2-19至图2-21所示。

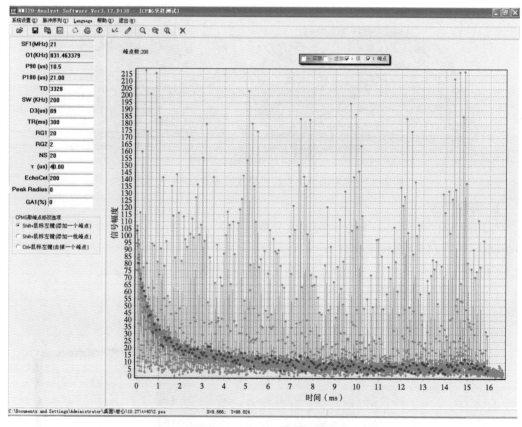

图2-19 半回波时间为40μs的回波数据串图

所得回波串表明，随着半回波时间从40μs增加至80μs，回波串的第一个波的信号强度由103降至75左右；核磁共振的噪声十分明显，但随半回波时间的增加无明显变化，但是随着半回波时间增加，回波串峰点的分布要相对集中一些。

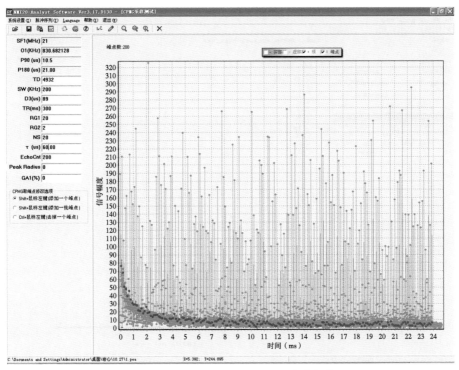

图 2-20　半回波时间为 60μs 的回波数据串图

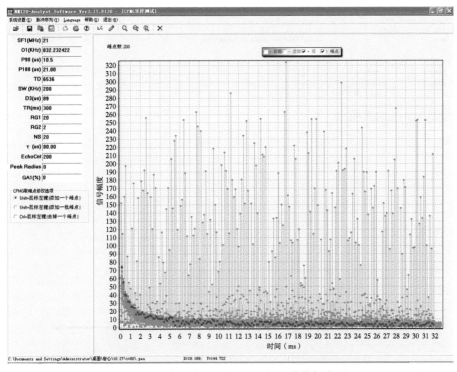

图 2-21　半回波时间为 80μs 的回波数据串图

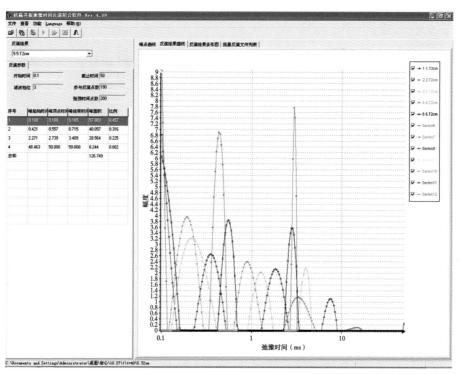

图 2-22　半回波时间为 40μs 的反演结果

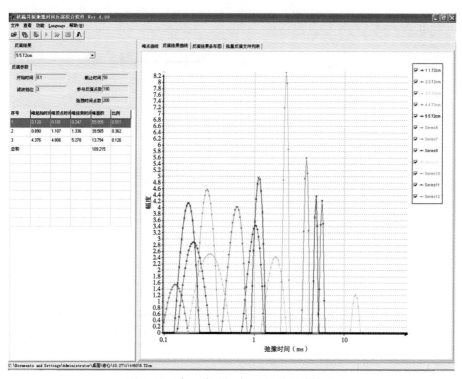

图 2-23　半回波时间为 60μs 的反演结果

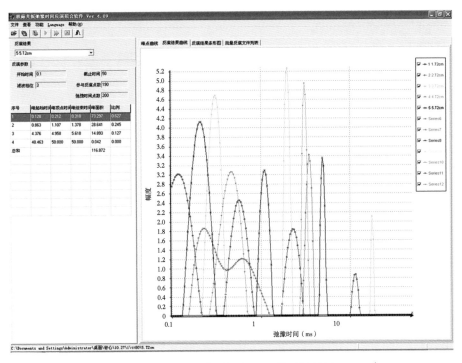

图 2-24 半回波时间为 80μs 的反演结果

2. 横向弛豫时间

岩心样品 2013-sd013 在 40μs，60μs，80μs 3 个半回波时间条件下各测 5 次，进行横向弛豫时间反演，反演起始时间 0.1ms、截止时间 100ms，反演结果如图 2-22 至图 2-24 所示。3 个半回波时间的反演结果都表明信号的稳定度太差，结果根本无法反应岩心真实 T_2 的分布。因此，需要想办法得到稳定的信号。

三、探寻稳定的回波信号

1. 样品 2013-sd013 测量结果分析

上面测量结果表明，虽然半回波时间 40μs 的峰点分布较为分散，但是其信号最强，所以选择半回波时间 40μs 对样品 2013-sd013 进行分析，由核磁共振仪器测量原理知道，增加重复采样次数可以使信号更为稳定，因为信号不稳定是由于噪声导致所得的回波的信号强度在其真实值附近波动，如增加重复采样次数，可使信号偏弱和偏强的相互抵消，最终向真实值靠近。

上面测量的重复采样次数设置为 20 次，重复采样次数增加至 400 次和 1000 次，发现所得信号的噪声明显降低。重复采样 1000 次所得回波串的结果如图 2-25 所示。

由图 2-25 可知，不但噪声明显降低，而且信号强度明显增加，所得的回波峰点分布明显变得集中，所得曲线的形状也更加接近指数衰减的波形。

重复次数分别为 400 次和 1000 次所得的结果进行横向弛豫时间反演，反演起始时间和结束时间分别为 0.1ms 和 100ms。回波数据曲线都选取各个重复次数下所得结果的最后 4 次，横向弛豫时间反演结果如图 2-26 所示。

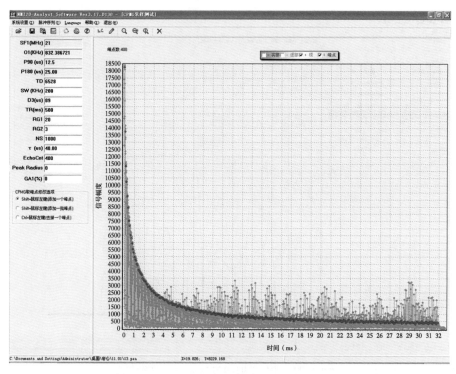

图 2-25　样品 2013-sd013 重复采样次数 1000 次时所得的回波串

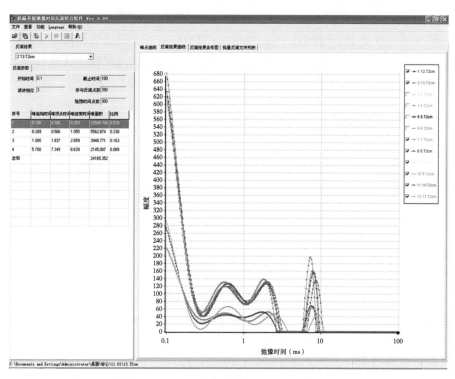

图 2-26　样品 2013-sd013 重复次数 400 次和 1000 次的反演结果

图 2-26 的实验结果表明，重复次数为 400 次和 1000 次的波形及其分布都大致相同，但重复采样次数为 1000 次的波形的重复性明显好于 400 次，特别是 T_2 在 0.3~7ms 这一段内尤为明显。

2. 样品 2013-sd017 测量结果分析

基于样品 2013-sd013 得到的较为稳定的回波数据结果，对实验样品 2013-sd017 进行核磁共振实验测量，半回波时间为 40μs，重复采样次数为 1000 次，得到的回波数据如图 2-27 所示。样品 2013-sd017 的实验结果及重复性也得到较为满意的结果。

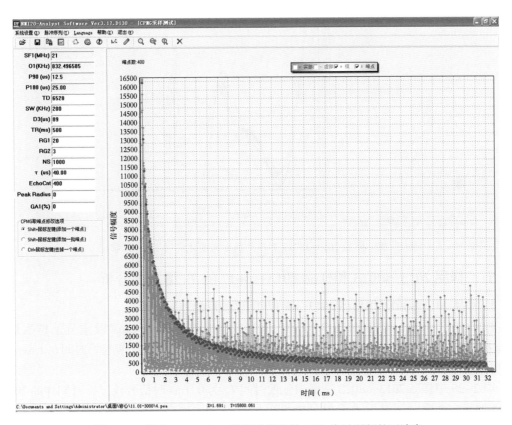

图 2-27　样品 2013-sd017 重复采样次数 1000 次时所得的回波串

四、探寻岩样几何形状对 T_2 分布的影响

取样方式为从大块岩心中取下来的形状不同、大小不一的岩块，测量时将岩块放置于内径约为 13mm 的玻璃管，再伸入测量仪器的内部磁感线圈中进行测量，如果将装上样品的玻璃管摇晃，则玻璃管内部岩块几何形状的分布将产生变化。

对样品 2013-sd017 进行核磁共振测量，然后取出玻璃管摇晃后再进行测量，从摇晃前后所得的回波串各取最后 4 次进行反演，反演起始时间为 0.1ms，截止时间为 100ms，横向弛豫时间反演结果如图 2-28 所示。

图 2-28 的实验结果表明，岩心岩样几何形状对 T_2 的分布影响较小，重复性较好。

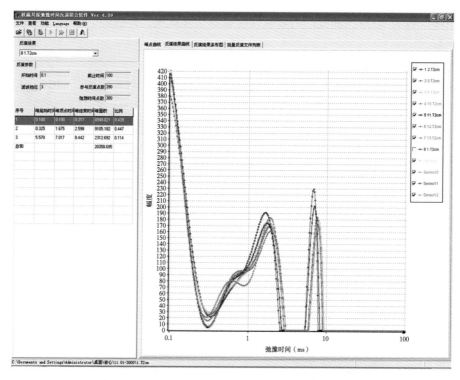

图 2-28　样品 2013-sd017 岩样几何形状变化前后 T_2 分布对比

五、样品 2013-sd013 和样品 2013-sd017 的 T_2 谱波形分析

1. 样品 2013-sd013 和样品 2013-sd017 T_2 谱波形的差异性分析

样品 2013-sd013 和样品 2013-sd017 分别在半回波时间为 $40\mu s$ 及重复采样次数为 1000 次的条件下测得的回波信号结果中，取最后 4 次进行反演。反演起始时间 0.1ms，结束时间 100ms，得到的横向弛豫时间 T_2 谱波形如图 2-29 所示。

图 2-29 中样品 2013-sd013 在横向弛豫时间 T_2 为 0.1ms 时信号较强，可知样品 2013-sd013 的横向弛豫时间在短弛豫时间的部分所占比例比较高。根据岩心参考数据，样品 2013-sd013 的渗透率比样品 2013-sd017 小，说明样品 2013-sd013 的小孔隙所占比例比样品 2013-sd017 高，短弛豫时间分布所占比例较高是正确的。

从图 2-29 可以推断，在横向弛豫时间小于 0.1ms 的区域，两者的横向弛豫时间都占有较高的比例，只是因为反演起始时间限制而未能体现在图中。根据曲线的变化趋势，可以判定样品 2013-sd013 的信号强度应该比样品 2013-sd017 高很多，这说明样品 2013-sd013 的氢核比较多。

在岩心中，氢核来自岩石骨架、有机质、油、水。样品 2013-sd013 的孔隙度为 5.2%，小于样品 2013-sd017 的 9.5%。因此分布于岩石的孔隙中的油和水，应为样品 2013-sd017 的高于样品 2013-sd013。

从岩心颜色及上述分析可知，样品 2013-sd013 信号较强是因为其所含油的比例比样品 2013-sd017 的高。这样，油分子所含的氢原子的个数比水多，导致虽然分子总数少，但氢原子的个数要多。另外，其有机质的个数比样品 2013-sd017 多，也可能造成所测得

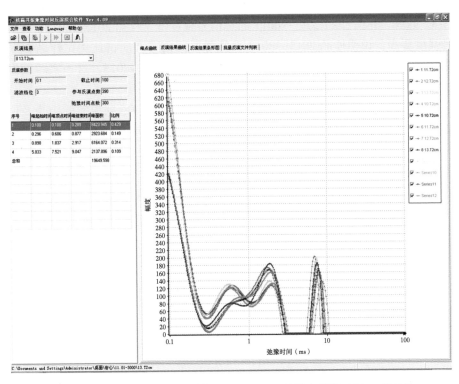

图 2-29　样品 2013-sd013 和样品 2013-sd017 的横向弛豫时间 T_2 谱对比

的波形；再有，有机质的横向弛豫时间很短，也符合样品 2013-sd013 在短弛豫时间分布较高的特征。当然，测量时样品的总数对结果也有一定影响。

　　由于样品 2013-sd017 的孔隙度及渗透率均高于样品 2013-sd013，因此，在长弛豫时间部分样品 2013-sd017 所占比例应高于样品 2013-sd013，将图 2-29 的长弛豫时间分布的部分放大如图 2-30 所示。

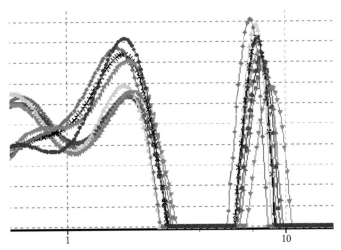

图 2-30　样品 2013-sd013 和样品 2013-sd017 长弛豫时间部分的放大图

由图 2-30 可知，在弛豫时间大于 1ms 时，样品 2013-sd017 的信号强度高于样品 2013-sd013。这样，尽管样品 2013-sd017 的总信号强度低于样品 2013-sd013，但长弛豫时间的信号强度要高，说明样品 2013-sd017 长弛豫时间的分布所占比例比样品 2013-sd013 高，表明样品 2013-sd017 的大孔所占比例要高于样品 2013-sd013。这一实验结果与样品 2013-sd017 的孔隙度和渗透率大于样品 2013-sd013 一致。

综合上述分析，样品 2013-sd013 和样品 2013-sd017 的核磁共振实验结果及所做的讨论同岩心样品的有关参数测量结果是相符的，但是整体波形却与其他文献所报道的波形有一定的差异。特别是与饱和水砂岩的 T_2 谱波形有较大的区别，《核磁共振岩心基础实验分析》一书中给出的不同饱和水砂岩的 T_2 分布谱如图 2-31 所示。这也可能预示着，致密油储层岩心核磁共振 T_2 谱有特殊性。

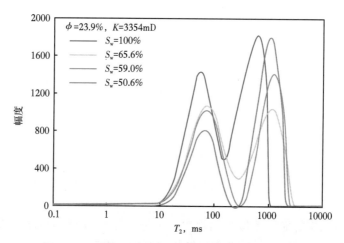

图 2-31　不同含水饱和度高渗透率砂岩的 T_2 分布谱

2. 样品 2013-sd013 和样品 2013-sd017 信号强度分析的验证

为了验证上述对样品 2013-sd013 和样品 2013-sd017 信号强度的分析，另外选取两个油砂样品和油斑样品进行核磁共振实验，测量半回波时间为 40μs，重复采样次数为 1000 次。对所得的结果进行横向弛豫时间反演，并将其与样品 2013-sd013 和样品 2013-sd017 所得结果进行对比，结果如图 2-32 所示。

根据图 2-32 实验结果，油砂样品和油斑样品所得的核磁共振信号强度远远高于样品 2013-sd013 和样品 2013-sd017。就外观来看，油砂样品的质地十分疏松，其横向弛豫时间应在长时间分布最大。假设油砂样品中所含的水分及轻质油已大部分挥发，在剩下的含氢物质中，大分子油含量较高，使其横向弛豫时间向短弛豫时间分布靠近，而其信号强度最强说明其含氢元素最多，这与前面对信号强度的分析相符。但由于油砂样品的岩性与样品 2013-sd013 和样品 2013-sd017 的差距较大，所以只能做参考。真正具有分析价值的是油斑样品，实验结果表明油斑样品的信号强度也远高于样品 2013-sd013 和样品 2013-sd017，这也与前面对信号强度的分析相符。

由于油斑样品的弛豫时间较长，所以测量时所采取的回波个数较多，导致样品 2013-sd013 和样品 2013-sd017 的横向弛豫时间的分布与之前所得结果有些变化，但其基本形状保持一致。对于最合适的回波个数，将在后续实验中去寻找和验证。

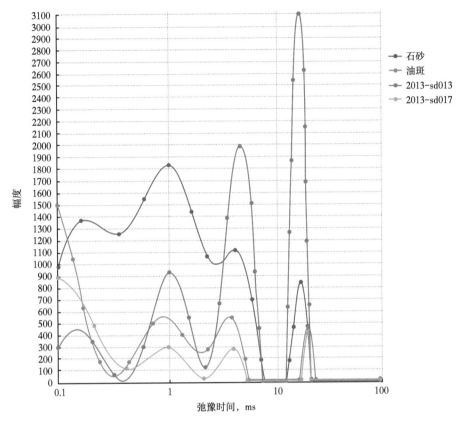

图 2-32　油砂、油斑、2013-sd013 和 2013-sd017 样品的 T_2 分布谱对比图

六、探究测量参数对 T_2 谱波形的影响

1. 半回波时间为 300μs 的测量结果分析

从前期文献调研结果来看，对非致密油储层岩心核磁共振测量所用的半回波时间一般均较大。为了进一步考察测量参数对 T_2 谱波形的影响，文献中的有关数据，采用半回波时间为 300μs，重复采样次数为 1000 次，对样品 2013-sd013 和样品 2013-sd017 进行测量，反演得到的 T_2 谱波形如图 2-33 和图 2-34 所示。

由图 2-33 和图 2-34 可知，增大半回波时间至 300μs 时，可出现与文献相似的波形，但是测量结果的重复性差，特别是在长弛豫时间部分，波峰甚至都不再重复，并且回波个数取 200 个就够了。因此，采用半回波时间为 300μs 所得的结果不能让人满意。

根据核磁共振检测原理，对于弛豫时间较短的样品，应采取较短的半回波时间。测量横向弛豫时间采用 CPMG 脉冲序列，其波形如图 2-35 所示。若将半回波时间从 40μs 增加至 300μs 则在有限的衰减时间内，采样点的数目减小 7.5 倍，这样得到的曲线不一定能准确反映样品的衰减特性。相关文献的测量结果分析也认为短弛豫时间的样品应采取较小的半回波时间。尽管较小的半回波时间得到的波形与文献差距较大，也应将其暂定为测量时的半回波时间。进一步解决问题的思路是从反演着手，考察反演参数对波形的影响，然后再反过来调节半回波时间。

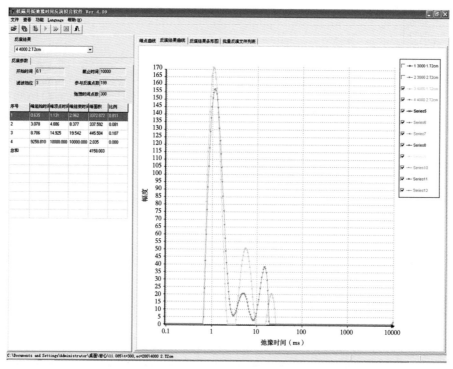

图 2-33　样品 2013-sd013 的 T_2 谱波形

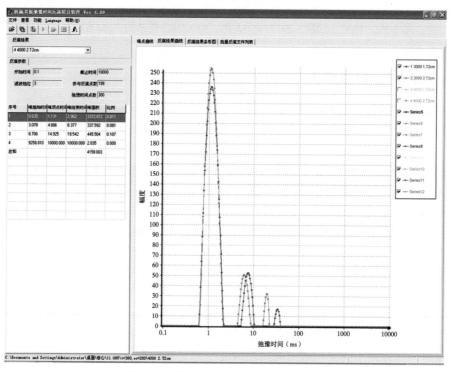

图 2-34　样品 2013-sd017 的 T_2 谱波形

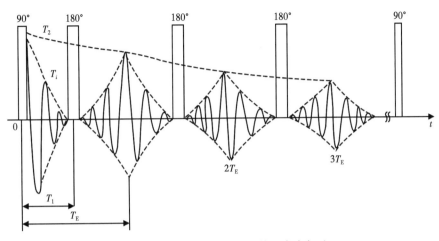

图 2-35　CPMG 法测量 T_2 谱的脉冲序列

2. 反演参数的影响分析

对前述测量所得的回波串重新反演，测量参数半回波时间为 40μs，重复采样次数为 1000 次，回波个数为 400 个。反演起始时间由 0.1ms 变为 0.01ms，结束时间由 100ms 变为 1000ms，样品 2013-sd017 和样品 2013-sd013 的反演结果如图 2-36 和图 2-37 所示。

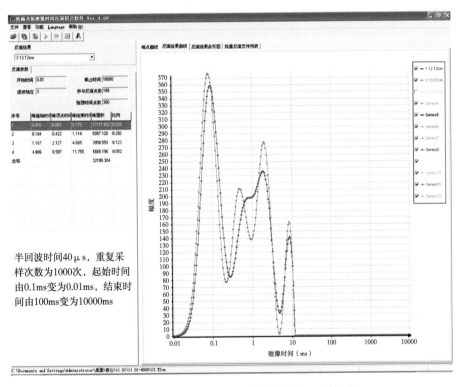

图 2-36　样品 2013-sd017 重新反演的 T_2 谱分布

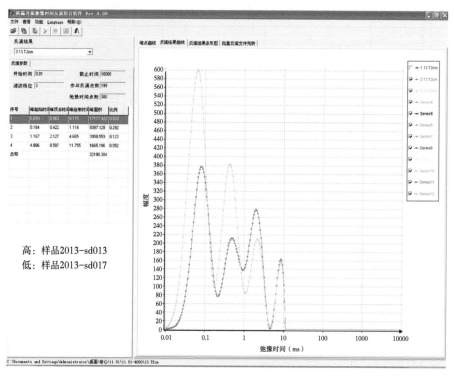

高：样品2013-sd013
低：样品2013-sd017

图 2-37　样品 2013-sd013 和 2013-sd017 重新反演的 T_2 谱分布对比

由图 2-36、图 2-37 和图 2-29 可知，减小反演的起始时间并增大结束时间后，反演波形发生了较大变化，0.3ms 到 3ms 左右的信号强度所占据比例明显增加，但横向弛豫时间 T_2 的停止时间并未改变，反演参数的设置直接影响反演结果，最优参数设置仍需继续探求。

为了突出主要因素，简化对岩心测量结果的分析，利用 T_2 反演的公式对所测量的回波串进行拟合，拟合结果如图 2-38 所示。

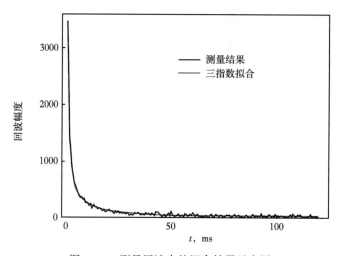

图 2-38　测量回波串的拟合结果示意图

如图 2-38 所示的拟合结果 R^2 均大于 0.985。用这种方法拟合几次测量结果并将其归一化后进行分析。根据岩石核磁共振的弛豫理论，对于黏土，横向弛豫时间小于 3ms 为黏土束缚水，3~33ms 之间的为毛管束缚水，大于 33ms 的为可动水。假定岩样中的氢核全部来自水，这样得到的结果虽然会与真实值有一定偏差，但在很大程度上仍能反映岩心各类孔隙度所占的比例。具体拟合和分析结果见表 2-3 至表 2-8。

表 2-3 半回波时间 300μs、回波个数 200 个、重复采样次数 1000 次的测量拟合结果

样品	时间 1，ms	比例，%	时间 2，ms	比例，%	时间 3，ms	比例，%
2013-sd013-1	1.13	74.9788	5.46	20.5199	20.75	4.5013
2013-sd013-2	1.22	78.0511	4.99	12.5885	15.19	9.3604
2013-sd017-1	1.23	43.362	1.23	45.0111	10.59	11.6269
2013-sd017-2	1.23	78.3036	1.23	10.2209	10.35	11.4755

表 2-4 半回波时间 300μs、回波个数 200 个、重复采样次数 1000 次的测量拟合分析结果

样品	黏土束缚水所占比例，%	毛管束缚水所占比例，%
2013-sd013-1	75	25
2013-sd013-2	78	22
2013-sd017-1	88	12
2013-sd017-2	89	11

表 2-5 半回波时间 40μs、回波个数 400 个、重复采样次数 1000 次的测量拟合结果

样品	时间 1，ms	比例，%	时间 2，ms	比例，%	时间 3，ms	比例，%
2013-sd013-1	0.14	47.5609	1.22	37.6981	6.09	14.741
2013-sd013-2	0.15	47.7427	1.24	37.5685	6.17	14.6888
2013-sd017-1	0.13	57.3977	0.93	30.7185	5.81	11.8838
2013-sd017-2	0.13	55.8168	0.87	31.738	5.59	12.4452

表 2-6 半回波时间 40μs、回波个数 400 个、重复采样次数 1000 次的测量拟合分析结果

样品	黏土束缚水所占比例，%	毛管束缚水所占比例，%
2013-sd013-1	88	12
2013-sd013-2	88	12
2013-sd017-1	85	15
2013-sd017-2	85	15

表 2-7 半回波时间 40μs、回波个数 2000 个、重复采样次数 1000 次测量拟合结果

样品	时间 1，ms	比例，%	时间 2，ms	比例，%	时间 3，ms	比例，%
2013-sd013-1	0.34	52.6546	2.55	40.3461	22.72	6.9994
2013-sd013-2	0.31	52.3471	2.53	40.763	23.39	6.8900
2013-sd017-1	0.27	65.2602	2.31	29.3714	25.66	5.3684
2013-sd017-2	0.30	65.2955	2.45	29.383	25.44	5.3215

表 2-8　半回波时间 40μs、回波个数 2000 个、重复采样次数 1000 次测量拟合结果分析

样品	黏土束缚水所占比例,%	毛管束缚水所占比例,%
2013-sd013-1	95	5
2013-sd013-2	95	5
2013-sd017-1	93	7
2013-sd017-2	93	7

综合分析表 2-3 至表 2-8 结果可得结论：（1）半回波时间为 300μs 的稳定性不如半回波时间为 40μs；（2）回波个数对测量结果有重要影响；（3）在所有测量的样品孔隙中，大部分为黏土束缚水。

3. 回波个数的确定

由于以前所作实验结果，停止时间大多在 30ms 左右，而设定原则为采集数据在测量窗口的 2/3 处衰减到零为最佳，一般设定回波个数 $EchoCnt = \dfrac{5T_{2max}}{2\tau}$。基于此可设定如下半回波时间与回波个数关系，见表 2-9。

表 2-9　半回波时间与回波个数关系

半回波时间 τ，μs	40	100	200	400
回波个数，个	2000	800	400	200

用表 2-9 中的参数对样品 2013-sd013、样品 2013-sd017 做核磁共振检测，重复采样次数为 1000 次，反演起始时间为 0.1ms，结束时间为 10000ms，横向弛豫时间反演结果如图 2-39 和图 2-40 所示。

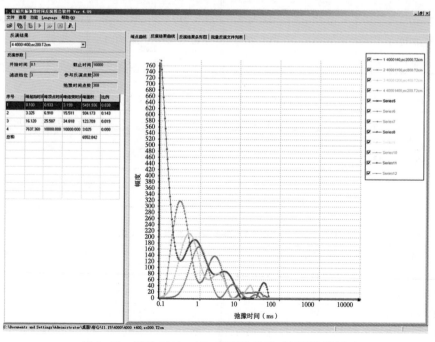

图 2-39　样品 2013-sd013 的横向弛豫时间反演结果

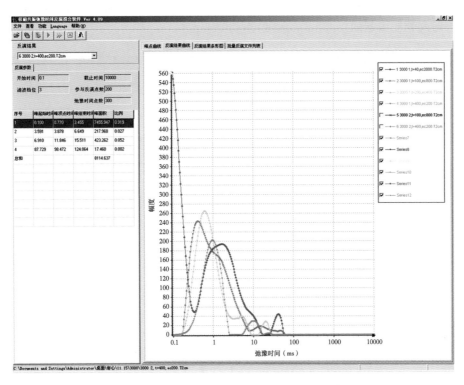

图 2-40　样品 2013-sd017 的横向弛豫时间反演结果

　　峰总面积随着半回波时间下降而降低，其值如表 2-10 所示。由表 2-10 可知，随着半回波时间增加，样品 2013-sd013 的信号衰减比样品 2013-sd017 快。变化最大的为半回波时间为 40μs 时的第一个峰，当半回波时间大于 100μs 时直接消失，而样品 2013-sd013 的第一个峰的信号强度比样品 2013-sd017 高，致使其下降幅度比样品 2013-sd017 大。可以看出，增大半回波时间可以过滤横向弛豫时间特别短的部分，分析表明这部分物质多为有机质或者结晶水等。因此，在以后测量中可通过适当加大半回波时间来过滤这类不能反映岩石孔隙结构的物质的核磁共振信号对检测结果的干扰。

表 2-10　峰总面积随半回波时间的变化

样品	$\tau=40\mu s$ 总峰面积	$\tau=100\mu s$ 总峰面积	$\tau=200\mu s$ 总峰面积	$\tau=400\mu s$ 总峰面积
2013-sd013	21790.44439	14602.51826	10399.67109	6552.84241
2013-sd017	20665.48842	14240.75832	11675.93787	7423.885708

　　为验证上述分析结果，取一块经洗油的灰质砂岩岩心样品，饱和一定水后，再用表 2-10 所示的参数进行核磁共振测量，重复采样次数为 1000 次，反演起始时间为 0.1ms，结束时间为 10000ms，横向弛豫时间反演结果如图 2-41 所示。

　　由图 2-41 可知，在弛豫时间低于 0.1ms 的区域，几乎不存在信号分布，包括半回波时间为 40μs 的测量结果中，在横向弛豫时间小于 0.1 的部分，信号分布也十分低。尽管经洗油的岩心与样品 2013-sd013、样品 2013-sd017 的岩性差距极大，但灰质砂岩仍含较多的黏土。因此，低于0.1ms的部分应不是黏土束缚水造成的，而是由有机质等类似物质的短弛豫时间物质引起的。

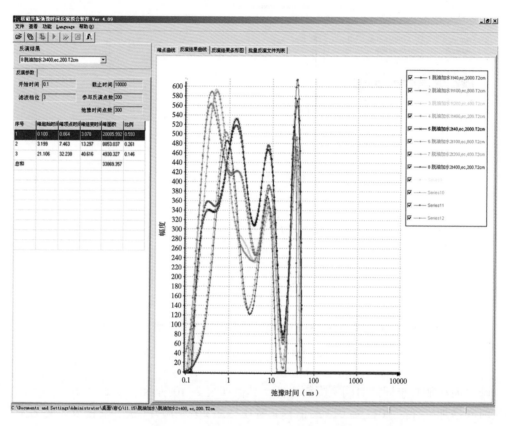

图2-41　经洗油的灰质砂岩岩心样品的横向弛豫时间反演结果

同时，随着半回波时间增加，核磁共振主峰顶点时间逐渐增加，如表2-11和图2-42所示。由表2-11和图2-42可知，主峰顶点在40~100μs时移动速度较快，100μs以后几乎与半回波时间呈线性关系。

因此为了更好地反映岩心中束缚水的分布，半回波时间应该大于40μs；此外，由前面论述及图2-40和图2-41可知，随着半回波时间增加，短弛豫时间部分将向右移，且信号强度降低；而弛豫时间高于10ms的部分，信号强度也在降低，信号分布有向左移动的趋势。

表2-11　主峰顶点时间随半回波时间变化

样品	$\tau=40\mu s$ 的主峰顶点时间, ms	$\tau=100\mu s$ 的主峰顶点时间, ms	$\tau=200\mu s$ 的主峰顶点时间, ms	$\tau=400\mu s$ 的主峰顶点时间, ms
2013-sd013	0.1	0.317448	0.523677	0.933039
2013-sd017	0.1	0.415651	0.610876	0.969666

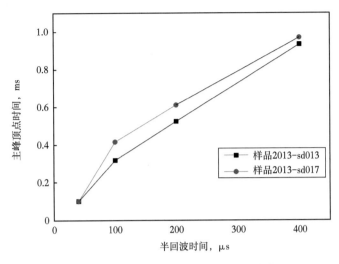

图 2-42　主峰顶点时间随半回波时间变化

第四节　基于核磁共振的页岩油储层岩石孔隙结构特征研究

目前评价储层岩石孔隙结构的主要方法之一是通过压汞实验测量毛管压力曲线，但该方法具有局限性和损坏性。T_2 谱分布与孔隙结构有直接关系，与传统的压汞测量方法相比，核磁共振技术具有用量少、成本低、岩样无损、测量速度快、信息丰富和孔隙结构变化反应灵敏等特点，为储层孔隙结构的研究提供了新途径。

为了通过核磁共振检测来分析致密油储层岩石的孔隙结构特性，选取 21 块致密油储层岩石实验样品，采用核磁共振实验测量了样品的 T_2 谱分布。根据核磁共振谱的响应特征对 21 块样品的储层岩石进行了分类；计算了 T_2 几何平均值，分析了 T_2 几何平均值与孔隙结构特征参数之间的关系；通过 T_2 谱测量了致密油储层岩石的孔隙度，分析了与气测孔隙度之间的关系；分析了 Swanson 参数与 T_2 几何平均值的关系，提出了通过 Swanson 参数与 T_2 几何平均值相结合计算渗透率的新方法，在不用确定 T_2 截止值的前提下可准确地计算出致密油储层岩心渗透率。

一、页岩油储层岩石的 T_2 谱特征

1. 核磁共振检测分析的实验样品和实验参数

核磁共振检测分析的 21 块致密油储层岩石实验样品的相关参数见表 2-12。检测使用的实验仪器为 NMI20-Analyst 核磁共振成像分析仪，仪器主要技术参数参见本章第二节。

表 2-12　实验岩心样品的相关参数

样品	井号	样品深度，m	层位	岩性	孔隙度，%	渗透率，mD
2013-sd001	吉 30	4041.01	P_2l_2	灰色粉砂岩	5.9	0.003
2013-sd002	吉 30	4042.89	P_2l_2	灰色粉砂岩	7.7	0.012
2013-sd003	吉 30	4043.70	P_2l_2	深灰色灰质粉砂岩	3.2	0.167

续表

样品	井号	样品深度，m	层位	岩性	孔隙度，%	渗透率，mD
2013-sd004	吉30	4045.26	P_2l_2	深灰色粉砂岩	4.5	0.033
2013-sd005	吉30	4046.93	P_2l_2	灰色灰质粉砂岩	6.8	0.014
2013-sd006	吉30	4047.77	P_2l_2	灰色粉砂岩	5.4	0.021
2013-sd007	吉30	4049.14	P_2l_2	灰色白云质砂岩	1.8	0.002
2013-sd008	吉30	4050.42	P_2l_2	灰色灰质粉砂岩	11.5	0.121
2013-sd009	吉30	4056.17	P_2l_2	深灰色灰质白云岩	17.6	28.0
2013-sd010	吉30	4144.01	P_2l_1	灰色粉砂岩	12.1	0.095
2013-sd011	吉30	4147.10	P_2l_1	灰色白云质粉砂岩	13.2	0.016
2013-sd012	吉30	4153.55	P_2l_1	灰色白云质粉砂岩	8.6	0.008
2013-sd013	吉30	4156.77	P_2l_1	灰色云质粉砂岩	5.9	0.004
2013-sd014	吉174	3046.23	P_3wt	灰色小砾岩	12.0	0.725
2013-sd015	吉174	3070.35	P_3wt	灰色含砾粗砂岩	10.9	2.010
2013-sd016	吉174	3125.78	P_2l	灰色泥灰岩	13.1	0.273
2013-sd017	吉174	3144.13	P_2l	灰色云质砂岩	9.5	0.022
2013-sd018	吉174	3244.87	P_2l	灰色灰质粉砂岩	5.7	0.039
2013-sd019	吉174	3254.67	P_2l	灰色粉砂岩	6.2	0.115
2013-sd020	吉174	3276.83	P_2l	灰色灰质粉砂岩	13.6	0.295
2013-sd021	吉174	3285.71	P_2l	灰色灰质粉砂岩	4.8	0.012

　　根据致密油储层岩石样品核磁共振检测技术的研究结果，实验样品核磁共振检测分析时设置的测量参数与反演参数如表2-13所示。

表2-13　核磁共振检测分析的测量参数与反演参数

测量参数		反演参数	
回波个数，个	1125	开始时间，ms	0.01
半回波时间，μs	80	结束时间，ms	1000
重复采样次数，次	5000	反演点数，个	400
等待时间，ms	500	迭代次数，次	2000000

2. 岩石样品的核磁共振 T_2 谱特征

根据核磁共振弛豫机理，饱和水状态岩石的 T_2 谱反映了岩石孔隙大小分布特征。因此，由饱和水状态岩石 T_2 谱的峰形、峰数、弛豫时间和幅度就可以分析储层岩石的孔隙结构特征。储层岩石中较大孔隙越发育，则 T_2 谱上弛豫时间较长的核磁信号所占比例越多；相反，岩石中细微孔隙越发育，则 T_2 谱上弛豫时间较短的核磁信号所占比例越多。

核磁共振实验测量了 21 块致密油储层岩心 T_2 谱，图 2-43 为 21 块致密油储层岩心饱和水状态的 T_2 谱。图 2-44 为所测量的 21 块样品中编号为 2013-sd001 的核磁共振 T_2 谱图，这种 T_2 谱分布是 21 块样品中的典型代表。

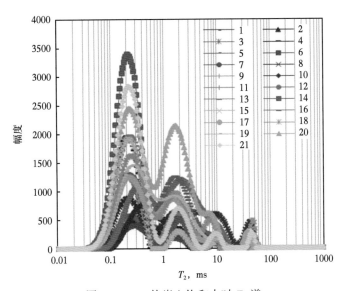

图 2-43　21 块岩心饱和水时 T_2 谱

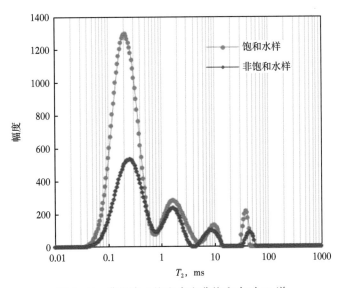

图 2-44　典型岩心饱和水和非饱和水时 T_2 谱

1) 典型 T_2 谱主要特征

分析图 2-44 可知，典型致密油储层岩心 T_2 谱的主要特征有：

（1）T_2 谱有 4 个峰，与一般砂岩的明显不同，说明致密油储层岩石的孔隙结构更复杂，在微纳孔隙范围内可能发育有 4 种不同尺度孔隙类型；

（2）小的纳孔隙峰值最高，峰面积比例最大，说明纳孔隙最为发育；纳孔隙饱和和非饱和谱的形状变化较大，说明纳孔隙的连通性可能较好；

（3）大的微孔隙峰值最小，峰面积比例最小，且饱和和非饱和谱的形状变化较大，说明大的微孔隙的连通性也较好；

（4）小的纳孔隙和大的微孔隙两个峰值之间还有两个峰，这两个峰的饱和和非饱和谱的形状变化不大，几乎是重叠的，说明这类孔隙的连通性可能较差。

2) 基于 T_2 谱特征的储层岩石孔隙结构分类

根据图 2-43 中 T_2 谱三峰、四峰特征以及峰的位置等特征，实验检测的致密油储层岩心的孔隙结构可分为Ⅰ类、Ⅱ类、Ⅲ类共 3 种类型，分别如图 2-45、图 2-46 和图 2-47 所示。

致密油储层岩心的Ⅰ类 T_2 谱基本上呈明显的三峰态分布，如图 2-45 所示，实验检测的 21 块岩心中有 10 块岩心的 T_2 谱属于Ⅰ类。这类岩心，孔隙大小连续分布，分选性较好，而且大的微孔隙的所占比例略高，属于较为优质的孔隙结构。Ⅰ类 T_2 谱的基本特征为：

（1）Ⅰ类核磁共振 T_2 谱以 3 个峰的为主，T_2 值小的两个峰所占的比例大致相等，而且均以其峰峰值为中心具有较好的几何对称性，说明Ⅰ类 T_2 谱的岩心中两类小的微纳米级孔隙同等发育；

（2）小的纳米级孔隙峰值对应的 T_2 在 $0.3 \sim 0.7\mathrm{ms}$，大的微孔隙峰值在 $40 \sim 70\mathrm{ms}$。

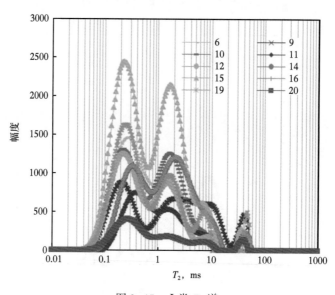

图 2-45　Ⅰ类 T_2 谱

II 类 T_2 谱具有明显的四峰态，如图 2-46 所示，实验检测的 21 块岩心中有 7 块岩心 T_2 谱属于 II 类。 II 类 T_2 谱的基本特征为：

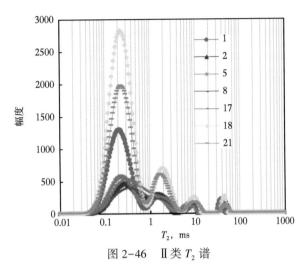

图 2-46　II 类 T_2 谱

（1）与 I 类核磁共振 T_2 谱呈三峰态不同，II 类 T_2 谱以 4 个峰为主，小的纳米级孔隙峰所占的比例明显增大，4 个峰均具有良好的对称性；

（2）小的纳孔隙峰值对应的 T_2 值与 I 类的基本相同，大的微孔隙峰值在 40~60ms 范围内，小于 I 类的。

III 类 T_2 谱呈四峰态分布，如图 2-47 所示，实验检测的 21 块岩心中有 4 块岩心 T_2 谱属于 III 类。 III 类 T_2 谱的基本特征为：

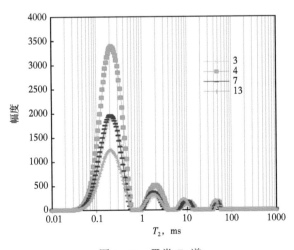

图 2-47　III 类 T_2 谱

（1）III 类 T_2 谱均具体明显的 4 个峰，各峰位置均不连续，均具有很好的几何对称性；

（2）III 类 T_2 谱的 4 个峰的核磁共振信号幅度一个比一个小，反映出该类岩心的纳孔隙极为发育，微孔隙很不发育；

（3）小的纳孔隙峰值对应的 T_2 与 I 类、II 类的基本相同，大的微孔隙峰值在 50~80ms 范围内，大于 I 类的。

二、T_2 几何平均值与孔隙结构参数的关系分析

为了实现由核磁共振 T_2 谱直接计算孔隙结构特征参数，分析了 21 块实验岩心的 T_2 几何平均值 T_{2gm} 与孔隙结构参数之间的关系，拟合出各孔隙结构参数与 T_2 几何平均值的关系式。

1. T_2 几何平均值与平均孔喉半径 $\bar{R}$ 关系

T_2 几何平均值与平均孔喉半径 $\bar{R}$ 的关系如图 2-48 所示，拟合关系为：

$$\bar{R} = 0.1572T_{2gm}^{2.0784} \qquad (R^2 = 0.6452) \qquad (2-56)$$

二者之间为幂函数关系，相关性较好。

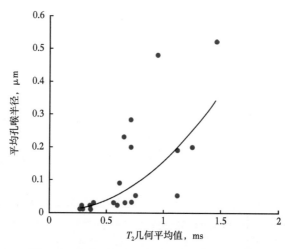

图 2-48　T_2 几何平均值与平均孔喉半径关系

2. T_2 几何平均值与均值 D_M 关系

T_2 几何平均值与均值 D_M 的关系如图 2-49 所示，拟合关系为：

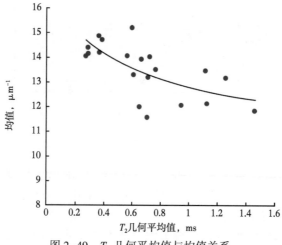

图 2-49　T_2 几何平均值与均值关系

$$D_{\mathrm{M}} = -1.458\ln T_{2\mathrm{gm}} + 12.812 \qquad (R^2 = 0.4567) \qquad (2-57)$$

二者之间为对数函数关系，相关性较好。

3. T_2 几何平均值与分选系数 S_{p} 关系

T_2 几何平均值与分选系数 S_{p} 之间的关系如图 2-50 所示，二者之间没有明显的相关关系。

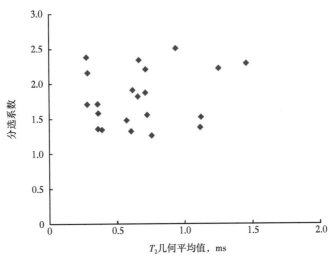

图 2-50 T_2 几何平均值与分选系数关系

4. T_2 几何平均值与歪度 S_{kp} 关系

T_2 几何平均值与歪度 S_{kp} 之间的关系如图 2-51 所示，二者之间没有明显的相关关系。

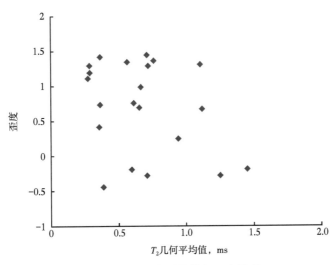

图 2-51 T_2 几何平均值与歪度关系

5. T_2 几何平均值与变异系数 D 关系

T_2 几何平均值与 D 的关系如图 2-52 所示，二者之间没有明显的相关关系。

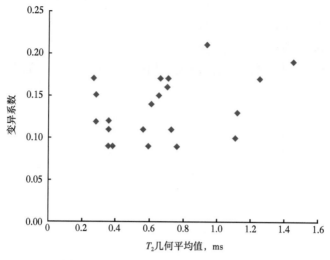

图 2-52　T_2 几何平均值与变异系数关系

6. T_2 几何平均值与中值压力 p_{c50} 关系

T_2 几何平均值与 p_{c50} 的关系如图 2-53 所示，拟合关系为

$$p_{c50} = -59.23\ln T_{2gm} + 17.885 \qquad (R^2 = 0.5043) \qquad (2-58)$$

二者之间为对数函数关系，相关性较好。

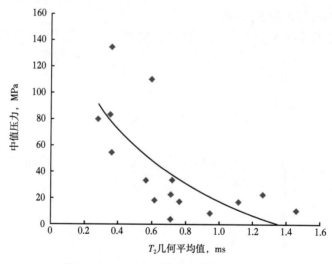

图 2-53　T_2 几何平均值与中值压力关系

7. T_2 几何平均值与排驱压力 p_d 关系

T_2 几何平均值与 p_d 的关系如图 2-54 所示，拟合关系为：

$$p_d = -12.22\ln T_{2gm} + 1.5905 \qquad (R^2 = 0.7353) \qquad (2-59)$$

二者之间为对数函数关系，相关性很好。

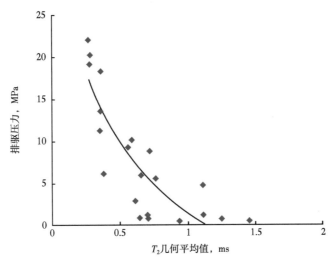

图 2-54　T_2 几何平均值与排驱压力关系

8. T_2 几何平均值与最大孔喉半径 R_{max} 关系

T_2 几何平均值与 R_{max} 的关系如图 2-55 所示，拟合关系为

$$R_{max} = 0.5454T_{2gm}^{2.1946} \qquad (R^2 = 0.6517) \tag{2-60}$$

二者之间为幂函数关系，相关性较好。

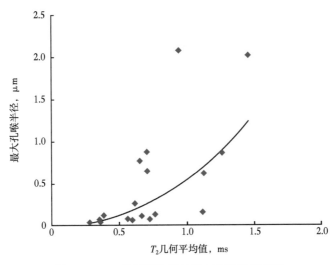

图 2-55　T_2 几何平均值与最大孔喉半径关系

9. T_2 几何平均值与非饱和孔隙体积百分数 S 关系

T_2 谱几何平均值与 S 的关系如图 2-56 所示，拟合关系为：

$$S = 4.7559T_{2gm}^{-1.877} \qquad (R^2 = 0.5687) \tag{2-61}$$

二者之间为幂函数关系，相关性较好。

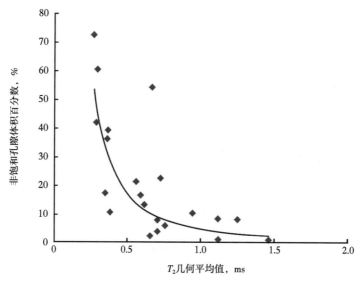

图 2-56 T_2 几何平均值与非饱和孔隙体积百分数关系

10. T_2 几何平均值与峰态 K_g 关系

T_2 几何平均值与 K_g 的关系如图 2-57 所示，拟合关系为：

$$K_g = 3.0261T_{2gm}^{0.4667} \qquad (R^2 = 0.3608) \qquad (2-62)$$

二者之间为幂函数关系，相关性较差。

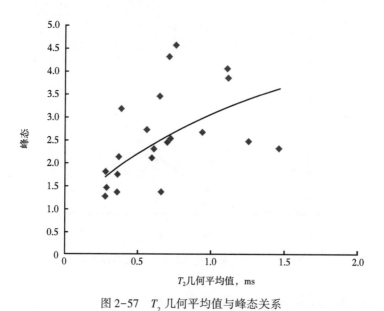

图 2-57 T_2 几何平均值与峰态关系

11. T_2 几何平均值与饱和度中值半径 R_{50} 关系

T_2 几何平均值与半径 R_{50} 的关系如图 2-58 所示，拟合关系为：

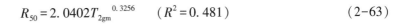

$$R_{50} = 2.0402 T_{2gm}{}^{0.3256} \qquad (R^2 = 0.481) \qquad (2-63)$$

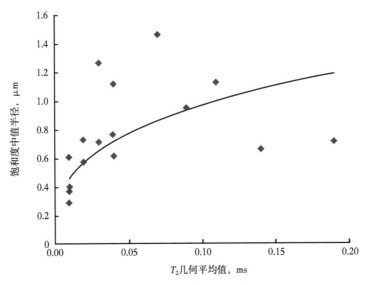

图 2-58 T_2 几何平均值与中值半径关系

二者之间为指数函数关系，相关性较好。

12. T_2 几何平均值与退汞效率 WE 关系

T_2 几何平均值与 WE 的关系如图 2-59 所示，二者之间没有明显的相关关系。

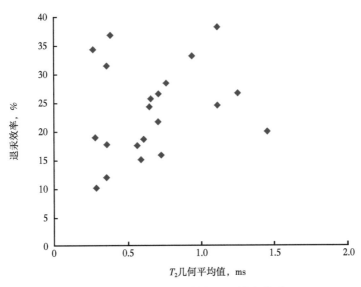

图 2-59 T_2 几何平均值与退汞效率关系

13. T_2 几何平均值与孔喉体积比 V_{PT} 关系

T_2 几何平均值与 V_{PT} 的关系如图 2-60 所示，二者之间没有明显的相关关系。

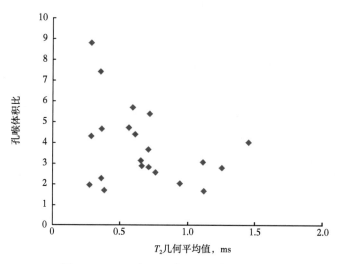

图 2-60　T_2 几何平均值与孔喉体积比关系

14. T_2 几何平均值与均质系数 α 关系

T_2 几何平均值与 α 的关系如图 2-61 所示，二者之间没有明显的相关关系。

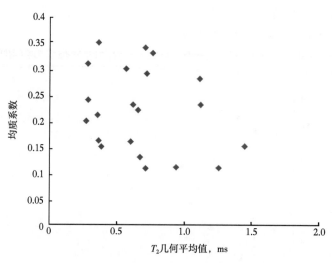

图 2-61　T_2 几何平均值与均质系数关系

致密油储层岩石 T_2 几何均值 T_{2gm} 与孔隙结构特征参数之间统计结果见表 2-14。

表 2-14　实验岩心孔隙结构特征参数与 T_2 几何平均值的关系

序号	特征参数	与 T_2 几何平均值 T_{2gm} 的关系	
		拟合关系	相关系数 R^2
1	排驱压力 p_d，MPa	$p_d = -12.22\ln T_{2gm} + 1.5905$	0.7353
2	最大孔喉半径 R_{max}，μm	$R_{max} = 0.5454 T_{2gm}^{2.1946}$	0.6517
3	平均孔喉半径 $\overline{R}$，μm	$\overline{R} = 0.1572 T_{2gm}^{2.0784}$	0.6452

续表

序号	特征参数	与 T_2 几何平均值 T_{2gm} 的关系	
		拟合关系	相关系数 R^2
4	非饱和孔隙体积百分数 S，%	$S=4.7559T_{2gm}^{-1.877}$	0.5687
5	中值压力 p_{c50}，MPa	$p_{c50}=-59.23\ln T_{2gm}+17.885$	0.5043
6	中值半径 R_{50}，μm	$R_{50}=2.4621T_{2gm}^{0.3687}$	0.4915
7	均值 D_M，μm^{-1}	$D_M=-1.458\ln T_{2gm}+12.812$	0.4567
8	峰态 K_g	$K_g=3.0261T_{2gm}^{0.4667}$	0.3608
9	分选系数 S_p	无	—
10	歪度 S_{kp}	无	—
11	变异系数 D	无	—
12	退汞效率 WE，%	无	—
13	孔喉体积比 V_{PT}	无	—
14	均质系数 α	无	—

根据表2-14的统计结果可知，在14个孔隙结构特征参数中，8个参数与 T_2 几何均值有相关关系，分选系数、歪度、变异系数、退汞效率、孔喉体积比、均质系数等6个参数没有明显的相关关系。排驱压力与 T_2 几何均值之间具有很好的对数函数关系；最大孔喉半径、平均孔喉半径、非饱和孔隙体积百分数、中值半径与 T_2 几何均值之间均呈较好的幂函数关系；中值压力、均值与 T_2 几何均值之间具有较好的对数函数关系；峰态与 T_2 几何均值之间呈一定的幂函数关系。

综合分析图2-48至图2-61和表2-14可知，致密油储层岩石的 T_2 几何均值能够很好地反映排驱压力、最大孔喉半径、平均孔喉半径、非饱和孔隙体积百分数、中值压力、中值半径、均值等7个孔隙结构特征参数。因此，通过 T_2 谱的检测分析，可有效地表征致密油储层岩石的孔隙大小和渗流能力。

三、页岩油储层岩心孔隙度的核磁共振检测分析

1. 核磁共振测量孔隙度的理论方法

在应用核磁共振检测分析孔隙度时，核磁共振信号强度也是核磁共振的重要信息，通过分析信号峰的强度可以获得样品内氢核的数量信息。实际所测量的样品是大量氢核的集合。在施加脉冲时除了低能级的氢核会吸收能量向高能级跃迁外，高能级的氢核也会向低能级跃迁，两者概率相等。因此，只有当处于低能级上氢核的数目大于处于高能级氢核的数目时，在射频脉冲的激发下样品吸收的能量才能高于辐射的能量，才可观测到核磁共振信号。在热平衡态下氢核在高、低能级上的分布由下式决定：

$$\frac{N_2}{N_1}=e^{-\frac{\Delta E}{kT_e}}=e^{-\frac{g_N\mu_N B_0}{kT_e}} \tag{2-64}$$

式中，N_2 和 N_1 分别为高、低能级上的氢核数目；k 为玻尔兹曼常量，J/K；ΔE 为高、低能级之间的能量差，J；T_e 为样品的热力学温度，K；g_N 为朗德因子；μ_N 为核磁矩，J/T。

由式（2-64）可知，如果温度和磁场强度不变，样品内所含氢核的数目越多，则高、低能级之间的氢核数目差就越大，核磁共振信号就越强。

由式（2-64）可知，核磁共振信号强度与所测量的氢核的数目成正比。所以，在测量条件相同的情况下，用测量已知量的饱和液的信号强度和测量的饱和后岩心的信号强度进行对比，就可以得出岩心中饱和液的量，进而可计算出岩心的核磁共振孔隙度：

$$\phi = \frac{M}{M_0} \frac{V_0}{V} \frac{N_S}{N_{S0}} \times 100\% \qquad (2\text{-}65)$$

式中，ϕ 为核磁共振孔隙度；M 为饱和岩心的信号；M_0 为饱和液的信号；V_0 为饱和液的体积；V 为岩心的体积；N_S 为测量岩心时的重复采样次数；N_{S0} 为测量饱和液时的重复采样次数。

2. 核磁共振测量孔隙度的实验方法

在致密油储层岩心核磁共振实验时发现，烘干后的非饱和岩心也能检测到较强的核磁共振弛豫信号，如图 2-62 所示。这部分信号可能是由于下述原因造成的：

（1）岩心过于致密，洗油时仍有部分含氢物质未能洗去；

（2）烘干时少许含氢流体未能及时挥发；

（3）部分圈闭的孔隙中仍存在含氢流体。

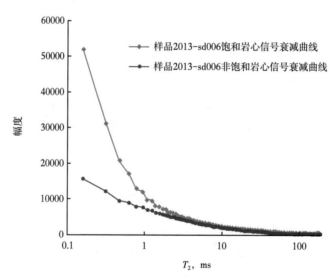

图 2-62　样品 2013-sd006 饱和岩心与非饱和岩心信号衰减曲线对比

核磁共振孔隙度实验测量的是水饱和岩心的核磁共振信号。但是，在测量水饱和岩心时，上述非饱和时的核磁共振信号就成了杂质信号，对孔隙度的测量结果产生很大干扰。因此，为了消除这部分不是由饱和进岩心的饱和液产生的杂质信号，使测量更为准确，设计和实施了测量致密油储层岩心孔隙度的核磁共振检测新方法——差值谱方法。该实验方法测量的主要步骤如下：

（1）测量洗油烘干的非饱和岩心的质量 m_h 和核磁共振弛豫信号衰减曲线；

（2）饱和岩心，岩心样品抽真空 24h 后，用 50000mg/L 的 NaCl 溶液中饱和 36h；

（3）测量饱和岩心质量，用分析天平称量饱和岩心的质量 m_w；

（4）测量岩心体积，用不吸水的细线悬挂起岩心，再放入盛有饱和液的杯子中，并且不与杯子接触，称量杯子增加的质量 m_p；

（5）测量饱和岩心的核磁共振弛豫信号衰减曲线；

（6）求取弛豫信号的差值，用饱和岩心弛豫曲线的信号减去非饱和岩心的相应信号，获得信号差值的弛豫衰减曲线；

（7）反演差值弛豫信号 T_2 谱，对信号差值的弛豫衰减曲线进行反演，得到 T_2 谱，即差值谱；

（8）测量饱和液的 T_2 谱，取适量的饱和岩心的液体，测量核磁共振弛豫信号衰减曲线，反演 T_2 谱；

（9）计算核磁共振孔隙度，差值谱作为修正后的饱和岩心 T_2 谱，根据式（2-65）计算核磁孔隙度。

3. 核磁共振测量孔隙度的结果分析

采用上述的差谱法，通过核磁共振检测分析了 21 块致密油储层岩心样品孔隙度，核磁共振孔隙度和气测孔隙度的测量结果如表 2-15 所示。

表 2-15　致密油储层岩心核磁共振孔隙度和气测孔隙度的测量结果

样品	NMR 孔隙度,%	气测孔隙度,%	样品	NMR 孔隙度,%	气测孔隙度,%
2013-sd001	4.14	5.9	2013-sd012	9.37	8.6
2013-sd002	9.04	7.7	2013-sd013	3.68	5.9
2013-sd003	2.85	3.2	2013-sd014	12.91	12.0
2013-sd004	2.89	4.5	2013-sd015	10.99	10.9
2013-sd005	7.08	6.8	2013-sd016	13.81	13.1
2013-sd006	9.74	5.4	2013-sd017	9.57	9.5
2013-sd007	2.80	1.8	2013-sd018	4.15	5.7
2013-sd008	10.72	11.5	2013-sd019	8.45	6.2
2013-sd009	15.40	17.6	2013-sd020	15.10	13.6
2013-sd010	11.70	12.1	2013-sd021	4.62	4.8
2013-sd011	10.16	13.2			

图 2-63 给出了气测孔隙度与核磁共振孔隙度之间的关系，拟合表达式为：

$$\phi_g = 0.9848\phi_{NMR} + 0.3748 \quad (R^2 = 0.8415) \quad (2\text{-}66)$$

由图 2-63 与式（2-66）可知，核磁共振测量的孔隙度与气测孔隙度之间有明显的线性关系，说明用核磁共振差谱法能准确地测量岩心的孔隙度。因此，核磁共振孔隙度能够反映出岩心的真实孔隙度，在应用核磁共振测量致密油储层岩心时，可直接计算岩心的孔隙度。

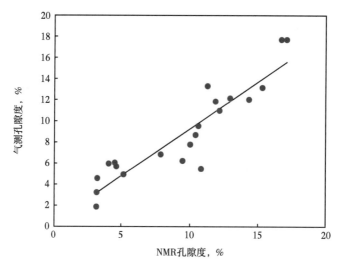

图 2-63　气测孔隙度与核磁共振孔隙度之间的关系

四、页岩油储层岩心渗透率的核磁共振检测分析

1. 核磁共振渗透率计算的新方法

核磁共振测量渗透率是通过渗透率与核磁共振特性之间的相关性分析来建立相应的渗透率模型。计算核磁共振渗透率常用模型主要有 SDR 模型和 Coates-Cutoff 模型。SDR 模型计算渗透率的表达式为：

$$K = C\left(\frac{\phi_{NMR}}{100}\right)^4 T_{2gm}^2 \qquad (2\text{-}67)$$

式中，ϕ_{NMR} 为核磁共振孔隙度；T_{2gm} 为 T_2 的几何平均值；C 为模型参数。

Coates-Cutoff 模型计算渗透率的表达式为：

$$K = \left(\frac{\phi}{C}\right)^4 \left(\frac{FFI}{BVI}\right)^2 \qquad (2\text{-}68)$$

式中，ϕ_{NMR} 为核磁共振孔隙度；C 为模型参数；FFI 为自由流体孔隙度或自由流体孔隙体积；BVI 为束缚流体孔隙度或束缚流体孔隙体积。

Coates-Cutoff 模型是致密油储层岩石渗透率计算的理想模型。但是，Coates-Cutoff 模型计算渗透率需要准确确定 ϕ、FFI 和 BVI，而 FFI 和 BVI 的求取主要依赖于 T_2 截止值 $T_{2cutoff}$。常规确定核磁共振 T_2 截止值的方法，不适用于致密油储层岩石，关于致密油储层岩石 T_2 截止值的确定尚无准确方法。因此，采用 Coates-Cutoff 模型计算致密油储层岩石的核磁共振渗透率存在一定困难。

为了解决计算致密油储层核磁共振渗透率存在的诸多问题，提出了一种 T_2 几何平均值 T_{2gm} 和 Swanson 参数相结合准确计算渗透率的方法，该方法克服了经典 SDR 模型和 Coates-cutoff 模型在计算储层渗透率时参数求取方面的困难。

基于 T_2 几何平均值 T_{2gm} 和 Swanson 参数建立致密油储层核磁共振渗透率模型的基本程序为：

（1）根据致密油储层岩石压汞实验数据，做出双对数的毛管压力曲线，计算出 Swanson 参数 $\dfrac{S_{Hg}}{p_c}$；

（2）根据岩石孔隙度、渗透率等参数计算 $\sqrt{\dfrac{K}{\phi}}$，建立 Swanson 参数与岩石综合物性指数之间的相关关系；

（3）根据核磁共振实验数据，计算饱和水岩心的核磁共振 T_2 的几何平均值 T_{2gm}，建立 T_{2g} 与 Swanson 参数 $\dfrac{S_{Hg}}{p_c}$ 之间的相关关系。

1）致密油储层岩石 Swanson 参数与岩石综合物性指数关系

根据前述 21 块致密油储层岩心的压汞实验数据，做出双对数的毛管压力曲线。图 2-64 给出了样品 2013-sd010 的双对数毛管压力曲线，这是 21 个致密油储层岩心双对数的毛管压力曲线的典型代表。

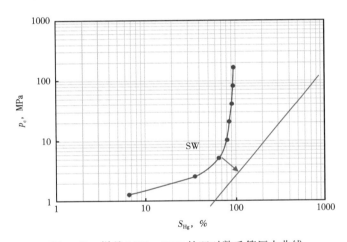

图 2-64　样品 2013-sd010 的双对数毛管压力曲线

Swanson 通过大量的压汞实验数据分析发现，双对数坐标毛管压力曲线的拐点是与有效控制流体流动的主孔隙系统时的汞饱和度相对应的。双对数毛管压力曲线拐点处的汞饱和度指对流体流动有效贡献的那部分有效孔隙空间的体积，而对应的毛管压力指连通整个有效孔隙空间的最小喉道大小。拐点处（图 2-64 中 SW 点）进汞饱和度 S_{Hg} 与毛管压力 p_c 的比值最大。因此，Swanson 参数定义为毛管压力曲线拐点处 $(S_{Hg}/p_c)_{sw}$，表示毛管压力曲线中单位压力下进汞量的最大值。

21 块致密油储层岩心实验样品的 Swanson 参数与岩石综合物性指数关系如图 2-65 所示，剔除个别有明显差异的数据，二者拟合关系式为：

$$\sqrt{\frac{K}{\phi}} = 0.0151 \left(\frac{S_{Hg}}{p_c}\right)_{sw} + 0.0393 \quad (R^2 = 0.9497) \tag{2-69}$$

因此，致密油储层岩心的 Swanson 参数与储层孔隙度、渗透率等参数之间有很好的线性相关性。从式（2-69）可知，由 Swanson 参数可计算岩石综合物性指数，从而计算出渗透率。

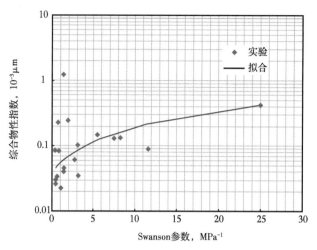

图 2-65　实验样品的 Swanson 参数与综合物性指数关系

2）致密油储层岩石 Swanson 参数与核磁共振 T_2 谱几何平均值关系

平行选取样品的 21 块致密油储层岩心样品，分别进行高压压汞实验和核磁共振实验测量。根据压汞实验数据计算出各样品的 Swanson 参数，根据核磁共振实验数据计算出 T_2 几何平均值，二者之间关系如图 2-66 所示。去除个别数据明显差异的样品，T_{2gm} 与 Swanson 参数之间的拟合关系式为：

$$\left(\frac{S_{Hg}}{P_c}\right)_{SW} = 2.424T_{2gm}^{1.1491} \quad (R^2 = 0.5203) \tag{2-70}$$

由图 2-66 和式（2-70）可知，T_{2gm} 与 Swanson 参数之间具有良好的幂函数关系。根据式（2-70）所建立的模型，由致密油储层岩心的核磁共振实验数据可计算出相应的 Swanson 参数。

综上所述，结合式（2-69）和式（2-70），可建立起核磁共振检测分析致密油储层岩石渗透率的 Swanson 参数法。

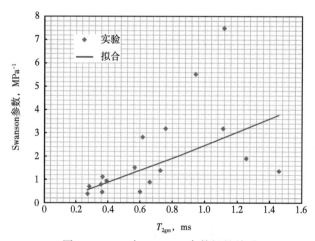

图 2-66　T_{2gm} 与 Swanson 参数间的关系

2. 核磁共振测量渗透率的结果分析

采用 Swanson 参数法开展致密油储层岩石渗透率核磁共振检测分析致的基本程序如下：

（1）测量致密油储层岩石饱和水时的 T_2 谱，计算 T_2 的几何平均值 T_{2gm}；

（2）根据式（2-70）所建立的 Swanson 参数—T_{2gm} 模型，计算相应的 Swanson 参数；

（3）根据式（2-69）所建立的综合物性指数—Swanson 参数模型和相应的孔隙度值，计算出致密油储层岩石的渗透率。

采用上述的 Swanson 参数法，通过核磁共振检测分析了 21 块致密油储层岩心样品渗透率，核磁共振渗透率和气测渗透率的测量结果如表 2-16 所示。图 2-67 给出了气测渗透率与核磁共振渗透率之间的关系，拟合表达式为：

$$K_{NMR} = 0.265K + 0.0335 \qquad (R^2 = 0.5421) \qquad (2-71)$$

表 2-16 致密油储层岩心核磁共振渗透率和气测渗透率的测量结果

样品	NMR 渗透率，mD	气测渗透率，mD	样品	NMR 渗透率，mD	气测渗透率，mD
2013-sd001	0.01529948	0.003	2013-sd012	0.03635709	0.008
2013-sd002	0.04250605	0.012	2013-sd013	0.01526775	0.004
2013-sd003	0.00713355	0.167	2013-sd014	0.18675331	0.725
2013-sd004	0.00977844	0.033	2013-sd015	0.05880002	2.010
2013-sd005	0.02685426	0.014	2013-sd016	0.11337551	0.273
2013-sd006	0.02366114	0.021	2013-sd017	0.04644862	0.022
2013-sd007	0.00401295	0.002	2013-sd018	0.01460319	0.039
2013-sd008	0.06861766	0.121	2013-sd019	0.02954701	0.115
2013-sd009	0.38518239	28.00	2013-sd020	0.21415083	0.295
2013-sd010	0.06475708	0.095	2013-sd021	0.01303496	0.012
2013-sd011	0.15851274	0.016			

由图 2-67 与式（2-71）可知，核磁共振测量的渗透率与气测渗透率之间有较明显的线性关系，说明用 Swanson 参数法可较准确地测量岩心的渗透率。因此，在应用核磁共振测量致密油储层岩心时，可 Swanson 参数法来计算岩心的渗透率。

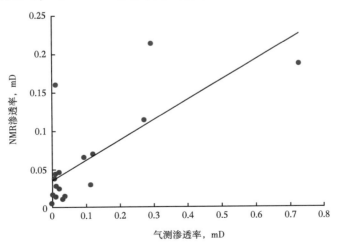

图 2-67 气测渗透率与核磁共振渗透率之间的关系

第三章 吉木萨尔凹陷页岩油储层岩石
参数的高压压汞实验分析

本章应用高压压汞法对页岩油储层岩心的毛管压力曲线进行了实验测量，选取反映孔喉大小、孔喉分选性、孔喉渗流能力和孔喉综合结构的 4 类共 12 个特征参数，分析实验结果，研究了这些参数与储层岩心渗透率、孔隙度等的关系。同时，介绍了页岩油储层岩心孔隙结构的聚类分析法，针对实验中的 21 个储层岩心的孔隙结构进行了分类。

第一节 高压压汞测量毛管压力曲线实验

一、实验仪器和实验样品

1. 实验仪器

采用氦气法测量孔隙度，实验仪器为 PHI-220 孔隙度仪。采用压力脉冲衰减法测量渗透率，实验仪器为 PDP-200 型脉冲衰减法气体渗透率测量仪。采用高压压汞法测量毛管压力曲线，实验仪器为 AutoPore IV9505 全自动压汞仪。

2. 实验样品

从吉 30 井和吉 174 井储层深度在 3046.23~4156.77m 范围内共选取 21 块典型岩心样品，进行孔隙度、渗透率和毛管压力曲线的实验测量。实验岩心样品的相关参数如表 3-1 所示。

表 3-1 实验岩心样品的相关参数

样品	井号	样品深度，m	层位	岩性	孔隙度，%	渗透率，mD
2013-sd001	吉 30	4041.01	P_2l_2	灰色粉砂岩	5.9	0.003
2013-sd002	吉 30	4042.89	P_2l_2	灰色粉砂岩	7.7	0.012
2013-sd003	吉 30	4043.70	P_2l_2	深灰色灰质粉砂岩	3.2	0.167
2013-sd004	吉 30	4045.26	P_2l_2	深灰色粉砂岩	4.5	0.033
2013-sd005	吉 30	4046.93	P_2l_2	灰色灰质粉砂岩	6.8	0.014
2013-sd006	吉 30	4047.77	P_2l_2	灰色粉砂岩	5.4	0.021
2013-sd007	吉 30	4049.14	P_2l_2	灰色白云质砂岩	1.8	0.002
2013-sd008	吉 30	4050.42	P_2l_2	灰色灰质粉砂岩	11.5	0.121

续表

样品	井号	样品深度，m	层位	岩性	孔隙度，%	渗透率，mD
2013—sd009	吉30	4056.17	P_2l_2	深灰色灰质白云岩	17.6	28.0
2013—sd010	吉30	4144.01	P_2l_1	灰色粉砂岩	12.1	0.095
2013—sd011	吉30	4147.10	P_2l_1	灰色白云质粉砂岩	13.2	0.016
2013—sd012	吉30	4153.55	P_2l_1	灰色白云质粉砂岩	8.6	0.008
2013—sd013	吉30	4156.77	P_2l_1	灰色云质粉砂岩	5.9	0.004
2013—sd014	吉174	3046.23	P_3wt	灰色小砾岩	12.0	0.725
2013—sd015	吉174	3070.35	P_3wt	灰色含砾粗砂岩	10.9	2.010
2013—sd016	吉174	3125.78	P_2l	灰色泥灰岩	13.1	0.273
2013—sd017	吉174	3144.13	P_2l	灰色云质砂岩	9.5	0.022
2013—sd018	吉174	3244.87	P_2l	灰色灰质粉砂岩	5.7	0.039
2013—sd019	吉174	3254.67	P_2l	灰色粉砂岩	6.2	0.115
2013—sd020	吉174	3276.83	P_2l	灰色灰质粉砂岩	13.6	0.295
2013—sd021	吉174	3285.71	P_2l	灰色灰质粉砂岩	4.8	0.012

二、基于毛管压力曲线的主要特征参数

通过对吉木萨尔凹陷地区致密油储层进行高压压汞实验，不仅测出了毛管压力曲线，而且还可得到反映孔喉性质的 12 个孔喉参数。根据参数所描述孔喉的不同特性分为反映孔喉大小、孔喉分选性、孔喉渗流能力和孔喉综合结构的 4 类特征参数。各类特征参数的符号、表达式及其含义见表 3—2 至表 3—5。

表 3—2　孔喉大小特征参数

参数名称	表达式	参数含义
最大孔喉半径	$R_{max} = \dfrac{0.735}{p_d}$	最大孔喉半径是非润湿相流体开始进入岩石时对应的孔喉半径，也是岩石的最大连通喉道半径，它和排驱压力是相对应的
孔喉中值半径	$R_{50} = \dfrac{0.735}{p_{c50}}$	中值孔喉半径是非润湿相流体饱和度达到 50% 时所对应的孔喉半径，简称为中值半径

参数名称	表达式	参数含义
平均孔喉半径	$\overline{R} = \sum\limits_{i=1}^{n} \left(r_i \dfrac{\Delta S_{Hgi}}{S_{max}} \right)$ $\overline{R} = \sqrt{\sum\limits_{i=1}^{n} r_i^2 \dfrac{\Delta S_{Hgi}}{S_{max}}}$	平均孔喉半径是指不同喉道半径间距对间距饱和度的加权平均值
孔喉半径均值	$D_M = \sum\limits_{i=1}^{n} \left(r_i \dfrac{\Delta S_{Hgi}}{100} \right)$ $D_M = \dfrac{\phi_{16} + \phi_{50} + \phi_{84}}{3}$ $D_M = \dfrac{\phi_{25} + \phi_{50} + \phi_{75}}{3}$	孔喉半径均值为表征孔喉大小总平均数量度的物理量。均值越大，表明储层岩石孔隙越小

表 3-3 孔喉分选性特征参数

参数名称	表达式	参数含义
分选系数	$S_p = \left\{ \sum\limits_{i=1}^{n} \left[\Delta S_{Hgi} \dfrac{(r_i - D_M)^2}{100} \right] \right\}^{\frac{1}{2}}$ $S_p = \left\{ \sum\limits_{i=1}^{n} \left[\Delta S_{Hgi} \dfrac{(r_i - \overline{R})^2}{S_{max}} \right] \right\}^{\frac{1}{2}}$ $S_p = \dfrac{\phi_{84} - \phi_{16}}{4} + \dfrac{\phi_{95} - \phi_5}{6.6}$	分选系数又称标准偏差，为表征喉道大小的标准偏差的物理量。它是描述以均值为中心的散布程度。当孔喉分布中某一等级的孔隙喉道占有绝对优势时，表明其孔喉分选程度好。孔喉分选越好，在数值上分选系数就越小
变异系数	$D = S_p / D_M$	变异系数也称相对分选系数，是分选系数与均值之比。在一定的范围内，变异系数越小，表示储层岩石的孔喉越均匀
歪度	$S_{kp} = \dfrac{\sum\limits_{i=1}^{n} [\Delta S_{Hgi}(r_i - D_M)^3]}{100 S_p^3}$ $S_{kp} = \dfrac{\sum\limits_{i=1}^{n} [\Delta S_{Hgi}(r_i - \overline{R})^3]}{S_{max} S_p^3}$ $S_{kp} = \dfrac{\phi_{84} + \phi_{16} - 2\phi_{50}}{2(\phi_{84} - \phi_{16})} + \dfrac{\phi_{95} + \phi_5 - 2\phi_{50}}{2(\phi_{95} - \phi_5)}$	歪度是孔喉大小分布的非正态性的量度，又称为偏度。歪度表示孔喉分布相对于平均值来说是偏于大孔或偏于小孔，一般在+2到-2之间。好的储层岩石歪度为正值，大都在0.25~1之间。当歪度为负值时，表明储层岩石的储渗性极差
峰态	$K_g = \dfrac{\sum\limits_{i=1}^{n} [\Delta S_{Hgi}(r_i - D_M)^4]}{100 S_p^4}$ $K_g = \dfrac{\sum\limits_{i=1}^{n} [\Delta S_{Hgi}(r_i - \overline{R})^4]}{S_{max} S_p^4}$ $K_g = \dfrac{\phi_{95} - \phi_5}{2.44(\phi_{75} - \phi_{25})}$	峰态为表征孔隙大小分布曲线峰度程度的量度的物理量，用来表征孔喉分布中尾部孔喉直径展幅与中央部分直径展幅的比值

表 3-4　孔喉渗流能力特征参数

参数名称	表达式	参数含义
排驱压力	p_d	排驱压力为非润湿相的前沿曲面突过孔隙喉道而连续地进入岩样时的压力，对应孔隙系统中最大连通孔隙相应的毛管压力。一般来说，孔隙度高、渗透率好的岩样，其排驱压力低，孔喉半径相对较大
中值压力	p_{c50}	中值压力指在非润湿相饱和度为50%时相应的注入曲线的毛管压力 p_{c50}，这个数值可以反映当孔隙中同时存在油水两相时，对油的产能大小。中值压力用来评价喉道半径大小，喉道半径越小，中值压力越大，表明岩石越致密，产能越低；反之，喉道半径越大，中值压力越小，表明岩石渗流能力越好，产能越高
非饱和孔隙体积百分数	S	该参数表示当注入水银的压力达到仪器的最高压力时，没有被水银侵入的孔隙体积百分数。该值越大，表示非湿相不能进入的小孔隙喉道所占的体积越多
退汞效率	$WE = \dfrac{S_{max} - S_R}{S_{max}} \times 100\%$	退汞效率是在压汞仪的额定压力范围内，从最大注入压力降低到最小压力时岩样中退出的水银体积与在压力降落以前注入水银总体积的百分数

表 3-5　孔喉结构特征综合参数

参数名称	表达式	参数含义
孔喉结构系数	$F = \dfrac{\phi_e \overline{R}^2}{8K}$	孔隙结构系数为表征岩心孔隙体积大小、平均孔喉半径及渗透率的物理量
特征结构系数	$T = \dfrac{1}{D \cdot F}$	特征结构系数为表征岩石绝对渗透率均匀程度的物理量
结构渗流系数	$\varepsilon = R_{max} \sqrt{\dfrac{100K}{WE}}$	结构渗流系数为表征孔隙结构对流体渗流能力的影响

表 3-2 至表 3-5 各个参数表达式中符号意义分别为：ΔS_{Hgi} 为第 $i+1$ 次测量的汞饱和度和第 i 次测量饱和度的饱和度差值，%；r_i 为与 ΔS_{Hgi} 对应的喉道半径，μm；S_{max} 为最大进汞饱和度，%；$\phi = -\log_2 r$，ϕ 的下标为对应的累计孔隙体积百分数；r 为累计孔隙体积百分数对应的孔喉半径，mm；S_{max} 为注入水银的最大饱和度，%；S_R 为退出后残留在岩样中的水银饱和度，%。ϕ_e 为有效孔隙度，%；K 为渗透率，mD。

第二节　页岩油储层岩心高压压汞实验结果分析

一、岩心毛管压力曲线的基本特征分析

21 个致密油储层典型岩心的毛管压力曲线以及相应的孔喉半径分布和累计分布曲线如图 3-1 至图 3-6 所示。根据压汞测量计算出的孔喉特征参数统计表见表 3-6。以毛管压力曲线形态和排驱压力为基础，参考其他特征参数，可将毛管压力曲线分为 3 类，分别代表了不同类型的孔隙结构特征。

1. Ⅰ类孔隙结构

Ⅰ类孔隙结构为中排驱压力—微喉道型。所测量的样品中，这类样品占8个，见表3-6、图3-1和图3-2。这类毛管压力曲线平台明显，相对地偏向图的左下方，歪度系数平均为0.39，孔喉分选中等，分选系数较大（平均值为2.04），变异系数较大（平均值为0.17），均值较小（平均值为12.40）。孔喉半径较大，且分布范围较宽（0.005～9.19μm），最大孔喉半径的平均值为1.02μm；中值半径较大，平均值为0.09μm。排驱压力和中值压力均较低，平均值分别为1.06MPa和12.26MPa。非饱和孔隙体积百分数低，平均值为6.01%。孔喉半径分布曲线呈单峰态，跨度较大。此类毛管压力曲线所代表的孔隙结构好，孔隙度平均大于11%，渗透率平均大于3mD。这类孔隙结构整体上表现出相对较低的排驱压力、分选较中等、微喉道、储集能力和渗流能力较好的特征。

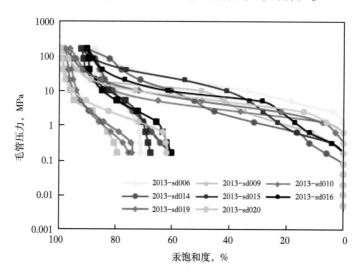

图3-1　Ⅰ类孔隙结构毛管压力曲线

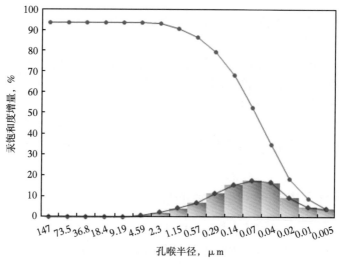

图3-2　Ⅰ类孔隙结构孔喉半径分布

表 3-6 高压压汞样品信息与实验参数统计表

类别	样品	物性参数		孔喉大小的特征参数				孔喉分选性的特征参数				孔喉渗流能力的特征参数			
		ϕ, %	K, mD	R_{max}, μm	R_{50}, μm	R, μm	D_M, μm^{-1}	S_P	D	S_{kp}	K_g	p_d, MPa	p_{c50}, MPa	WE, %	S, %
I类孔隙结构	2013-sd006	5.40	0.02	0.26	0.04	0.09	13.29	1.90	0.14	0.76	2.31	2.78	18.33	18.49	13.02
	2013-sd009	17.60	28.00	2.01	0.07	0.52	11.85	2.29	0.19	-0.18	2.30	0.36	10.35	19.97	1.04
	2013-sd010	12.10	0.10	0.65	0.19	0.28	11.58	1.87	0.16	1.44	4.30	1.13	3.80	21.51	4.18
	2013-sd014	12.00	0.73	0.87	0.03	0.20	13.17	2.20	0.17	-0.27	2.47	0.85	22.69	26.47	8.17
	2013-sd015	10.90	2.01	0.87	0.03	0.20	13.17	2.20	0.17	-0.27	2.47	0.85	22.69	26.47	8.17
	2013-sd016	13.10	0.27	2.07	0.09	0.48	12.07	2.50	0.21	0.25	2.66	0.36	8.45	33.06	10.28
	2013-sd019	6.20	0.12	0.77	0.14	0.23	11.96	1.82	0.15	0.69	3.45	0.95	5.23	24.26	2.48
	2013-sd020	13.60	0.30	0.62	0.11	0.19	12.13	1.53	0.13	0.67	3.85	1.19	6.51	37.86	0.76
	平均值	11.86	3.94	1.02	0.09	0.27	12.40	2.04	0.17	0.39	2.98	1.06	12.26	26.01	6.01
II类孔隙结构	2013-sd001	5.90	0.003	0.04	0.01	0.02	14.21	1.70	0.12	1.41	2.10	18.14	55.00	31.32	38.91
	2013-sd002	7.70	0.002	0.08	0.02	0.03	14.03	1.55	0.11	1.29	2.53	8.79	34.12	15.78	22.31
	2013-sd003	3.20	0.17	0.04	0.01	0.02	14.38	1.70	0.12	1.28	1.78	20.14	80.01	18.87	41.90
	2013-sd005	6.80	0.01	0.08	0.02	0.03	14.05	1.49	0.11	1.34	2.72	9.24	33.52	17.56	21.33
	平均值	5.90	0.05	0.06	0.02	0.03	14.17	1.61	0.12	1.33	2.28	14.08	50.66	20.88	31.11
III类孔隙结构	2013-sd004	4.50	0.03	0.03	—	0.01	14.05	2.38	0.17	1.11	1.26	21.96	—	34.11	71.92
	2013-sd007	1.80	0.008	0.04	0.01	0.01	14.13	2.15	0.15	1.18	1.43	18.99	60.28	10.27	60.28
	2013-sd0012	8.60	0.004	0.07	0.02	0.02	15.18	1.32	0.09	-0.19	2.08	10.15	109.64	15.00	16.38
	2013-sd013	5.90	0.01	0.05	0.01	0.01	14.84	1.58	0.11	0.73	1.35	13.56	133.68	17.79	36.12
	2013-sd017	9.50	0.02	0.12	—	0.03	13.92	2.34	0.17	0.99	1.36	6.09	—	25.69	54.02
	2013-sd018	5.70	0.04	0.07	0.01	0.02	14.86	1.36	0.09	0.42	1.75	11.18	83.02	11.94	17.44
	平均值	6.00	0.02	0.06	0.01	0.02	14.50	1.86	0.13	0.71	1.54	13.66	108.78	19.13	42.69

2. Ⅱ类孔隙结构

Ⅱ类孔隙结构为高排驱压力—微喉道型。所测量的样品中，这类样品占4个，见表3-6、图3-3和图3-4。这类毛管压力曲线平台明显，相对地偏向图的左下方，歪度系数平均为1.33，孔喉分选较好，分选系数（平均值为2.04）和变异系数（平均值为0.17）均较大，均值较大（平均值为14.17）。孔喉半径较小，且分布范围窄（0.005~0.14μm），最大孔喉半径（平均值为0.06μm）和中值半径（平均值为0.02μm）均较小。排驱压力（平均值为14.08MPa）和中值压力（平均值为50.66MPa）均较高，非饱和孔隙体积百分数低（平均值为31.11%）。孔喉分布曲线呈单峰态，跨度较小。此类毛管压力曲线所代表的孔隙结构较差，孔隙度平均大于5%，渗透率平均大于0.05mD。这类孔隙结构整体上表现出相对较高的排驱压力、分选较好、微喉道、储集能力和渗流能力较差的特征。

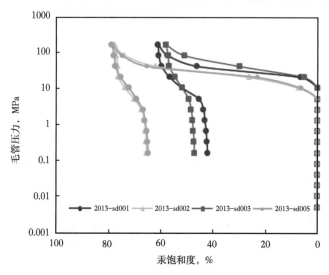

图3-3　Ⅱ类孔隙结构毛管压力曲线

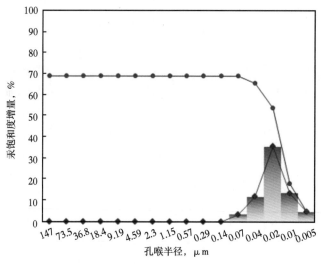

图3-4　Ⅱ类孔隙结构孔喉半径分布

3. Ⅲ类孔隙结构

Ⅲ类孔隙结构为高排驱压力—纳喉道型。所测量的样品中，这类样品占6个，见表3-6、图3-5和图3-6。这类毛管压力曲线平台段较短，相对地偏向图的右上方，歪度系数平均为0.71，孔喉分选差，分选系数（平均值为1.86）和变异系数（平均值为0.13）均较大，均值（平均值为14.50）较大。孔喉半径小，且分布范围窄（0.005~0.14μm），最大孔喉半径（平均值为0.06μm）和中值半径（平均值为0.01μm）均小。排驱压力（平均值为13.66MPa）和中值压力（平均值为108.78MPa）均很高，非饱和孔隙体积百分数高（平均值为42.69%）。孔喉分布曲线呈双峰态，跨度很小。此类毛管压力曲线所代表的孔隙结构差，孔隙度平均大于5%，渗透率平均大于0.01mD。这类孔隙结构整体上表现出很高的排驱压力、分选差、纳喉道、储集能力较好而渗流能力较差的特征。

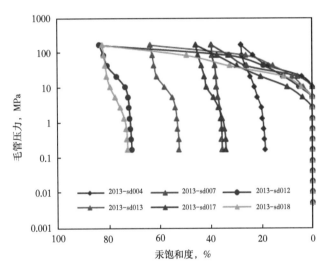

图3-5 Ⅲ类孔隙结构毛管压力曲线

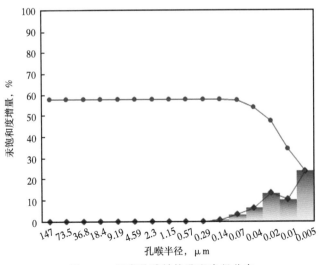

图3-6 Ⅲ类孔隙结构孔喉半径分布

二、岩心孔隙结构特征参数与孔渗关系分析

为了深入认识岩心微观孔隙结构特征参数对宏观孔隙度、渗透率的影响，进一步详细分析了表征孔喉大小的特征参数、表征孔喉分选性的特征参数、表征渗流能力的特征参数、表征孔喉结构特征的综合参数等4类孔隙结构特征参数与孔隙度、渗透率的关系。

1. 渗透率和孔隙度的关系

储层岩石孔隙度越高，表明孔隙越发育，相应的储层岩石的渗透率也应该有所提高，在一定程度上也反映了孔隙结构的好坏和变化。21块实验岩心的孔隙度范围在1.8%~17.6%，渗透率范围在0.005~28.000mD，孔隙度与渗透率之间的关系如图3-7所示。

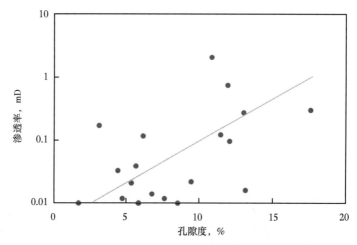

图3-7　致密油储层岩心孔隙度与渗透率的关系

实验测量岩心的孔渗关系为：

$$K = 0.0043e^{0.3106\phi} \qquad (R^2 = 0.429) \qquad (3-1)$$

式中，K 为渗透率，mD；ϕ 为孔隙度，%。这一关系与文献中关于致密油储层的孔渗关系 $K = ae^{b\phi}$ 相符合。从图3-7中可以看出，孔隙度越大渗透率越大的趋势在图中反映的比较明显；但是，当渗透率相同时，孔隙度相差7%左右，结合上面的孔隙类型分析，这7%的孔隙度可能为渗透率贡献较小的微孔。

2. 孔喉大小特征参数与孔隙度和渗透率关系分析

1）最大孔喉半径与孔隙度、渗透率的关系

最大孔喉半径与孔隙度、渗透率的关系分别如图3-8和图3-9所示，最大孔喉半径与孔隙度和渗透率的关系分别为：

$$\phi = 2.4217\ln R_{\max} + 12.91 \qquad (R^2 = 0.5606) \qquad (3-2)$$

$$K = 0.5327R_{\max}^{1.1899} \qquad (R^2 = 0.3561) \qquad (3-3)$$

因此，最大孔喉半径与孔隙度、渗透率均呈正相关关系。

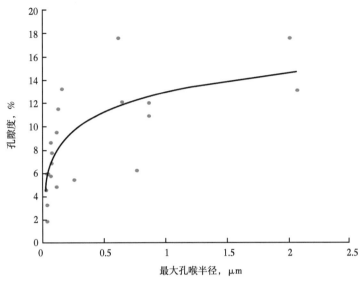

图 3-8　最大孔喉半径与孔隙度的关系

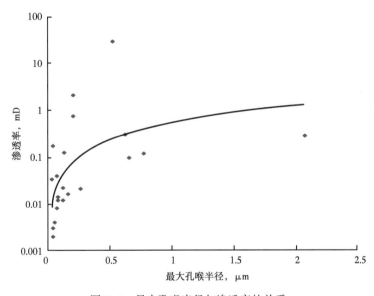

图 3-9　最大孔喉半径与渗透率的关系

2）中值半径与孔隙度、渗透率的关系

中值半径与孔隙度、渗透率的关系分别如图 3-10 和图 3-11 所示。中值半径与孔隙度和的渗透率的拟合关系分别为：

$$\phi = 3.1669\ln R_{c50} + 20.614 \qquad (R^2 = 0.4414) \qquad (3\text{-}4)$$

$$K = 12.184 R_{c50}^{1.5818} \qquad (R^2 = 0.7352) \qquad (3\text{-}5)$$

由此可见，中值半径与孔隙度、渗透率均呈正相关关系，而且渗透率与中值半径呈很好的幂函数关系。

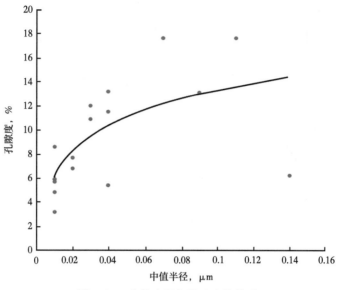

图 3-10 中值半径与孔隙度的关系

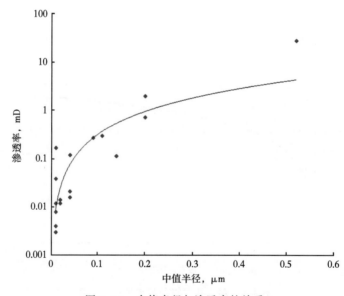

图 3-11 中值半径与渗透率的关系

3）平均孔喉半径与孔隙度、渗透率的关系

平均孔喉半径与孔隙度、渗透率的关系分别如图 3-12 和图 3-13 所示。平均孔喉半径与孔隙度、渗透率的拟合关系分别为：

$$\phi = 2.5455\ln\overline{R}+16.144 \qquad (R^2=0.5611) \qquad (3-6)$$

$$K = 3.1442\overline{R}^{1.3998} \qquad (R^2=0.6213) \qquad (3-7)$$

因此，平均孔喉半径与孔隙度、渗透率均呈正相关关系。

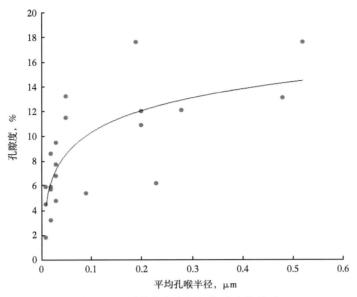

图 3-12　平均孔喉半径与孔隙度的关系

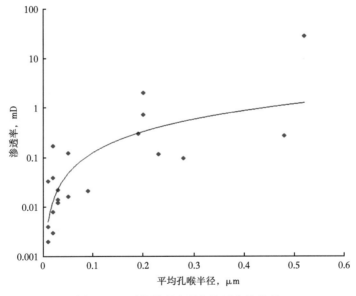

图 3-13　平均孔喉半径与渗透率的关系

4）均值与孔隙度、渗透率的关系

均值与孔隙度、渗透率的关系分别如图 3-14 和图 3-15 所示，均值主要分布在 11.58～15.18。均值与孔隙度、渗透率的拟合关系分别为：

$$\phi = -36.4\ln D_{\mathrm{M}} + 103.51 \qquad (R^2 = 0.4543) \qquad (3-8)$$

$$K = 1 \times 10^7 \mathrm{e}^{-1.414 D_{\mathrm{M}}} \qquad (R^2 = 0.441) \qquad (3-9)$$

因此，均值与孔隙度、渗透率均呈负相关关系。

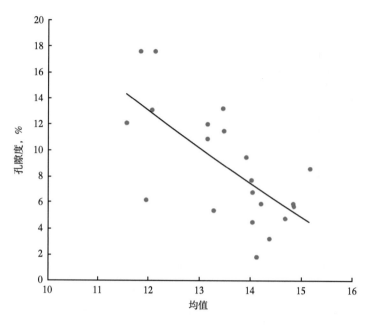

图 3-14　均值与孔隙度的关系

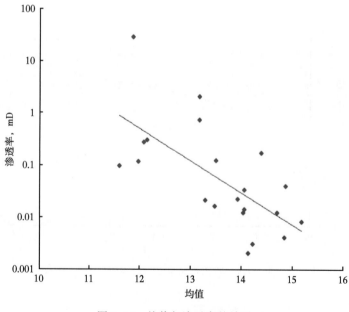

图 3-15　均值与渗透率的关系

3. 孔喉分选性特征参数与孔隙度和渗透率关系分析

1）分选系数与孔隙度、渗透率的关系

分选系数与孔隙度、渗透率的关系分别如图 3-16 和图 3-17 所示，分选系数变化较大，分选系数分布在 1.32~2.50，与孔隙度、渗透率的相关性差。

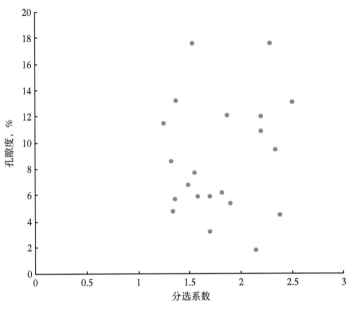

图 3-16　分选系数与孔隙度的关系

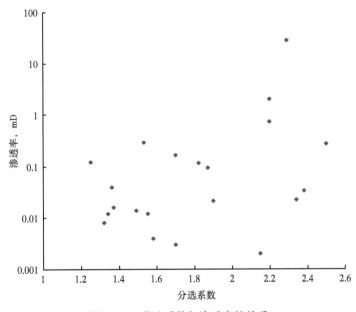

图 3-17　分选系数与渗透率的关系

2）变异系数与孔隙度、渗透率的关系

变异系数与孔隙度、渗透率的关系分别如图 3-18 和图 3-19 所示，变异系数变化范围不大，变异系数分布在 0.09～0.21，与孔隙度的相关性差；与渗透率呈负相关关系，拟合公式为：

$$K = 0.0004\mathrm{e}^{35.493D} \qquad (R^2 = 0.356) \qquad (3\text{-}10)$$

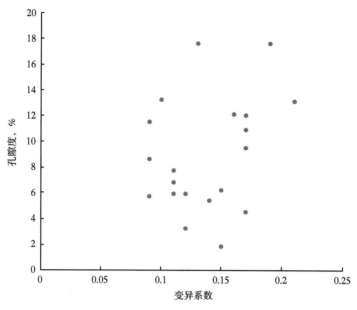

图 3-18　变异系数与孔隙度的关系

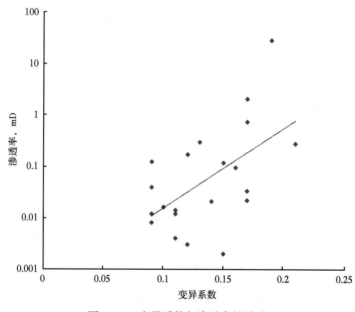

图 3-19　变异系数与渗透率的关系

3）歪度与孔隙度、渗透率的关系

歪度与孔隙度、渗透率的关系分别如图 3-20 和图 3-21 所示，歪度的变化存在两个区域，即一部分分布在 1~1.44，属粗歪度；另一部分分布在 -0.44~1，属细歪度，歪度与孔隙度、渗透率的相关性差。

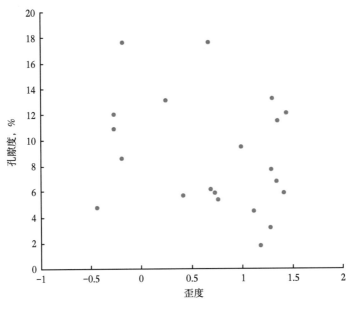

图 3-20　歪度与孔隙度的关系

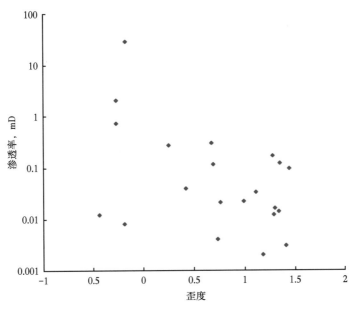

图 3-21　歪度与渗透率的关系

4）峰态与孔隙度、渗透率的关系

峰态与孔隙度、渗透率的关系分别如图 3-22 和图 3-23 所示，峰态变化范围不大，峰态分布在 1.26~4.56 之间，与渗透率的相关性差；与孔隙度呈幂函数关系，拟合公式为：

$$\phi = 3.7034 K_g^{0.83} \qquad (R^2 = 0.3238) \qquad\qquad (3\text{-}11)$$

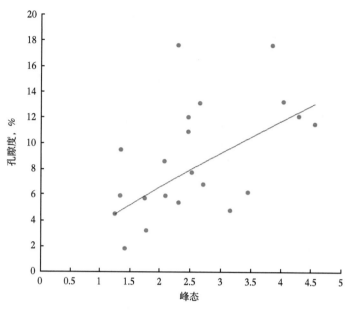

图 3-22 峰态与孔隙度的关系

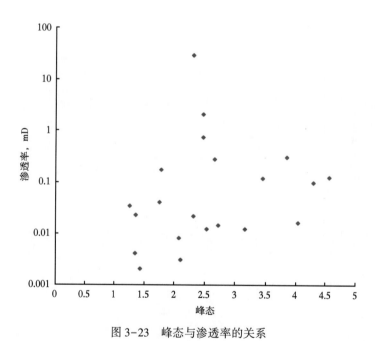

图 3-23 峰态与渗透率的关系

4. 渗流能力特征参数与孔隙度、渗透率关系分析

1）排驱压力与孔隙度、渗透率的关系

排驱压力与孔隙度、渗透率的关系分别如图 3-24 和图 3-25 所示，排驱压力与孔隙度、渗透率的拟合关系分别为：

$$\phi = 12.286\mathrm{e}^{-0.061p_\mathrm{d}} \qquad (R^2 = 0.5942) \qquad (3-12)$$

$$K = 0.348p_\mathrm{d}^{-1.326} \qquad (R^2 = 0.6107) \qquad (3-13)$$

因此，排驱压力与孔隙度、渗透率均呈负相关关系。

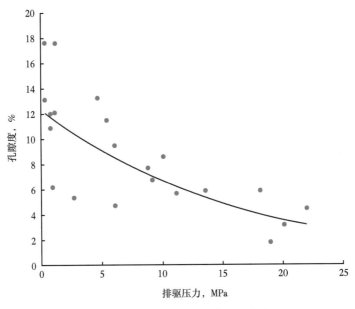

图 3-24　排驱压力与孔隙度的关系

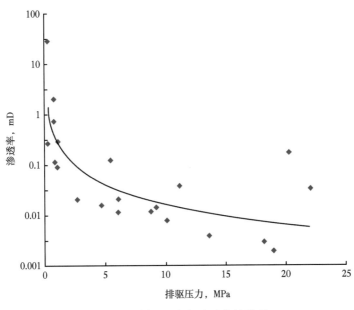

图 3-25　排驱压力与渗透率的关系

2）中值压力与孔隙度、渗透率的关系

中值压力与孔隙度、渗透率的关系分别如图 3-26 和图 3-27 所示，中值压力主要分布在 3.80~133.689MPa 范围，变化较大；与孔隙度、渗透率的关系分别为：

$$\phi = -2.589\ln p_{c50} + 17.645 \qquad (R^2 = 0.4123) \qquad (3-14)$$

$$K = 0.2567\mathrm{e}^{-0.022p_{c50}} \qquad (R^2 = 0.2827) \qquad (3-15)$$

因此，中值压力与孔隙度、渗透率均呈负相关关系。

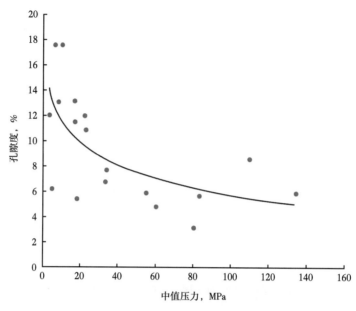

图 3-26　中值压力与孔隙度的关系

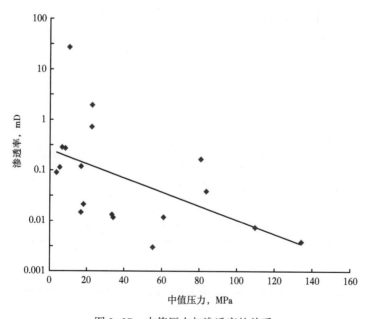

图 3-27　中值压力与渗透率的关系

3）非饱和孔隙体积百分数与孔隙度、渗透率的关系

非饱和孔隙体积百分数与孔隙度、渗透率的关系分别如图 3-28 和图 3-29 所示，非饱和孔隙体积百分数与孔隙度、渗透率的相关性差。

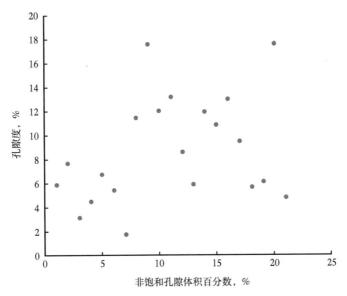

图 3-28　非饱和孔隙体积百分数与孔隙度的关系

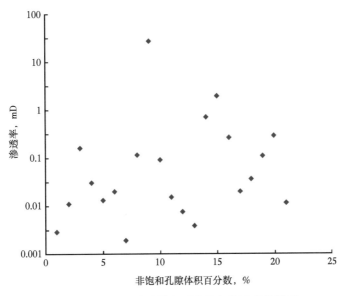

图 3-29　非饱和孔隙体积百分数与渗透率的关系

4）退汞效率与孔隙度、渗透率的关系

退汞效率与孔隙度、渗透率的关系分别如图 3-30 和图 3-31 所示，退汞效率在 10.27% ~ 37.86% 范围，与渗透率的相关性差；与孔隙度呈正相关关系，拟合公式为

$$\phi = 0.8204WE^{0.7188} \qquad (R^2 = 0.2052) \tag{3-16}$$

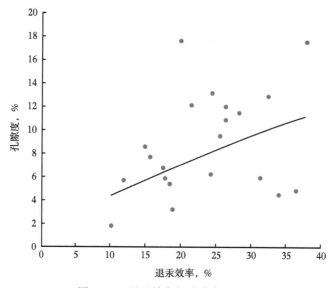

图 3-30　退汞效率与孔隙度的关系

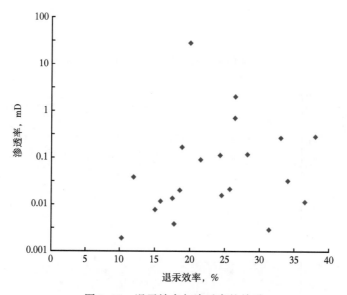

图 3-31　退汞效率与渗透率的关系

5. 孔喉半径与孔隙结构特征综合参数关系分析

1）最大孔喉半径与孔喉结构系数、特征结构系数以及渗流结构系数的关系

最大孔喉半径与孔喉结构系数、特征结构系数以及渗流结构系数的关系分别如图 3-32、图 3-33 和图 3-34 所示。最大孔喉半径与孔喉结构系数、特征结构系数和渗流结构系数的关系分别为：

$$F = 0.4501 R_{max}^{1.2457} \qquad (R^2 = 0.6161) \qquad (3-17)$$

$$T = 17.599 R_{max}^{-1.288} \qquad (R^2 = 0.6343) \qquad (3-18)$$

$$\varepsilon = 0.9644 R_{\max}^{1.3975} \qquad (R^2 = 0.9138) \qquad\qquad (3-19)$$

因此，最大孔喉半径与特征结构系数呈负相关关系，与孔隙结构系数、结构渗流系数呈正相关关系。

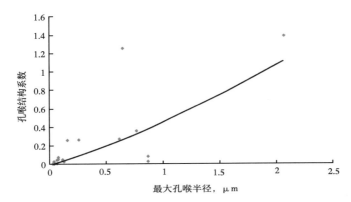

图 3-32　最大孔喉半径与孔喉结构系数关系

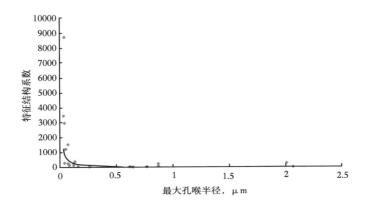

图 3-33　最大孔喉半径与特征结构系数关系

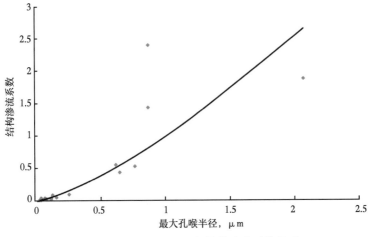

图 3-34　最大孔喉半径与结构渗流系数关系

2）平均孔喉半径与孔喉结构系数、特征结构系数以及渗流结构系数的关系

平均孔喉半径与孔喉结构系数、特征结构系数以及渗流结构系数的关系分别如图3-35、图3-36和图3-37所示。平均孔喉半径与孔喉结构系数、特征结构系数和渗流结构系数的关系分别为：

$$F = 2.6394\overline{R}^{1.3463} \qquad (R^2 = 0.6575) \qquad (3-20)$$

$$T = 5.3135\overline{R}^{-1.202} \qquad (R^2 = 0.5756) \qquad (3-21)$$

$$\varepsilon = 5.6447\overline{R}^{1.4382} \qquad (R^2 = 0.8841) \qquad (3-22)$$

因此，平均孔喉半径与特征结构系数呈负相关关系，与孔隙结构系数、结构渗流系数呈正相关关系。

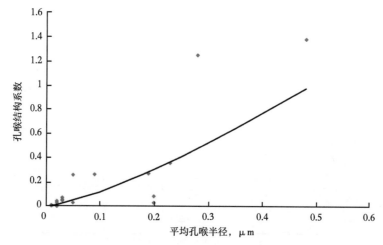

图 3-35　平均孔喉半径与孔喉结构系数关系

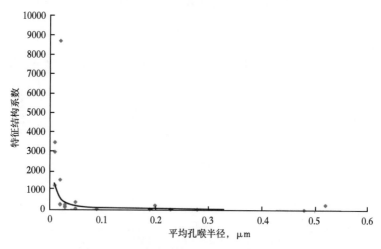

图 3-36　平均孔喉半径与特征结构系数关系

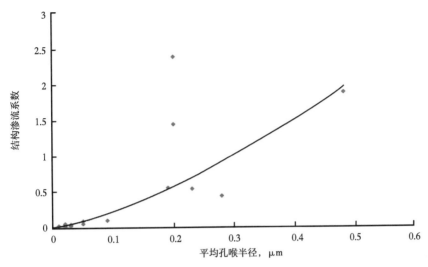

图 3-37　平均孔喉半径与结构渗流系数关系

3）中值半径与孔喉结构系数、特征结构系数以及渗流结构系数的关系

中值半径与孔喉结构系数、结构特征参数以及渗流结构参数的关系分别如图 3-38、图 3-39 和图 3-40 所示，平均孔喉半径与孔喉结构系数和特征结构系数的相关性差，平均孔喉半径与结构渗流系数之间的拟合关系为：

$$\varepsilon = 14.708R_{c50} - 0.3169 \qquad (R^2 = 0.6293) \qquad (3-23)$$

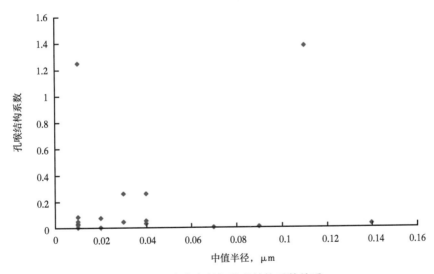

图 3-38　中值半径与孔喉结构系数关系

6. 孔隙结构特征参数与岩石物性关系统计

通过储层岩石孔隙结构特征参数与储层岩石物性之间关系的研究，统计出了各特征参数的变化范围以及岩石物性的相关关系，见表 3-7 和表 3-8。

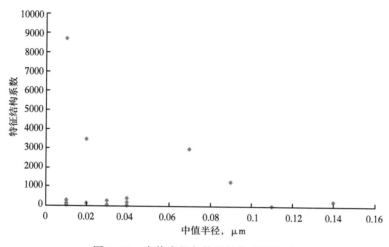

图 3-39　中值半径与特征结构系数关系

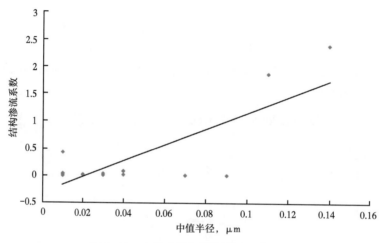

图 3-40　中值半径与结构渗流系数关系

表 3-7　实验岩心孔隙结构特征参数与孔隙度和渗透率的关系

孔隙结构特征参数		孔隙度		渗透率	
		相关关系	相关系数	相关关系	相关系数
表征孔喉大小的特征参数	R_{max}	$\phi = 2.4217\ln R_{max} + 12.915$	0.5606	$K = 0.5327 R_{max}^{1.1899}$	0.3561
	R_{c50}	$\phi = 3.1669\ln R_{c50} + 20.614$	0.4414	$K = 12.184 R_{c50}^{1.5818}$	0.7352
	$\bar{R}$	$\phi = 2.5455\ln\bar{R} + 16.144$	0.5611	$K = 3.1442\bar{R}^{1.3998}$	0.6213
	D_M	$\phi = -36.4\ln D_M + 103.51$	0.4543	$K = 1 \times 10^7 e^{-1.414 D_M}$	0.4410
表征孔喉分选性的特征参数	S_p	无	—	无	—
	D	无	—	$K = 0.0004 e^{35.493 D}$	0.3107
	S_{kp}	无	—	无	—
	K_g	$\phi = 3.7034 K_g^{0.83}$	0.3238	无	—

续表

孔隙结构 特征参数		孔隙度		渗透率	
		相关关系	相关系数	相关关系	相关系数
表征孔 喉渗流 能力特 征参数	p_d	$\phi = 12.286e^{-0.061p_d}$	0.5942	$K = 0.348p_d^{-1.326}$	0.6107
	p_{c50}	$\phi = -2.589\ln p_{c50} + 17.645$	0.4123	$K = 0.2567e^{-0.022p_{c50}}$	0.2827
	S	无	—	无	—
	WE	$\phi = 0.8204WE^{0.7188}$	0.2052	无	—

表 3-8　实验岩心孔喉特征参数范围以及与孔隙度和渗透率的相关性

特征参数	上限值	下限值	特征参数与孔隙度相关性	特征参数与渗透率相关性
最大孔喉半径，μm	2.07	0.03	正相关	正相关
中值半径，μm	0.19	0.01	正相关	正相关
平均孔喉半径，μm	0.52	0.01	正相关	正相关
均值	15.18	11.58	负相关	负相关
分选系数	2.50	1.32	无	无
变异系数	0.21	0.09	无	负相关
歪度	1.44	-0.44	无	无
峰态	4.56	1.26	正相关	无
排驱压力，MPa	21.96	0.36	负相关	负相关
中值压力，MPa	133.68	3.80	负相关	负相关
非饱和孔隙体积 百分数，%	71.92	0.76	无	无
退汞效率，%	37.86	10.27	正相关	无

第三节　页岩油储层岩心孔隙结构的聚类分析

第二节中根据毛管压力曲线特征定性地分析了致密油储层岩石的孔隙结构特征，为了进一步定量地评价致密油储层岩石的微观孔隙结构特征，优选出 11 个最具代表性的微观孔隙结构参数，采取聚类分析方法，计算各特征参数与孔隙度和渗透率的相关系数，并根据优选参数对致密油储层岩石孔隙结构进行了分类。

一、聚类分析的基本原理

聚类分析又称为群分析，是进行定量分类的一种多元统计分析方法，不仅可以用来对样本进行分类，也可以用来对变量进行分类。高压压汞实验的 21 个岩心属于样本，表征岩心孔隙结构特征的参数属于变量。所研究的样本或变量之间存在着不同程度的相似性，或称其为亲疏关系。聚类分析就是把相似的研究对象归成类，使类间对象的相似程度最大、类与类间对象的相异程度最大。

1. 样品之间的相似性度量

一个事物通常需要用多个变量来刻画，假设每个样本有 p 个变量，则每个样本可以看

成是 p 维空间中的一个点，n 个样本就组成 p 维空间的 n 个点。此时自然想到用距离来度量样本之间的相似程度。用 x_{ij} 表示第 i 个样本的第 j 个变量，第 j 个变量的均值和标准差记作 x_j 和 S_j。用 d_{ij} 来表示第 i 个样本和第 j 个样本之间的距离。d_{ij} 满足的 4 个性质为：

(1) $d_{ij} \geq 0$，$\forall i, j \in \boldsymbol{\Omega}$；

(2) $d_{ij} = 0$，当且仅当 $i = j$；

(3) $d_{ij} = d_{ji}$，$\forall i, j \in \boldsymbol{\Omega}$；

(4) $d_{ij} \leq d_{il} + d_{lj}$，$\forall i, j, l \in \boldsymbol{\Omega}$

其中，$\boldsymbol{\Omega}$ 是样本点集，i，j，l 均为样本点集 $\boldsymbol{\Omega}$ 中的样本。

在聚类分析中，最常用的明考斯基（Minkowski）距离为：

$$d_{ij}(q) = \left[\sum_{k=1}^{q} |x_{ik} - x_{jk}|^q \right]^{1/q}, \quad q > 0 \tag{3-24}$$

当 $q = 1$，2 时，分别得到绝对值距离与欧氏距离为：

$$d_{ij}(1) = \sum_{k=1}^{q} |x_{ik} - x_{jk}| \tag{3-25}$$

$$d_{ij}(2) = \left[\sum_{k=1}^{q} (x_{ik} - x_{jk})^2 \right]^{1/2} \tag{3-26}$$

其中最常用的是欧氏距离。欧氏距离的优点是当对坐标轴进行正交旋转时，欧氏距离是保持不变的。但要注意的是，由于数据的大小与其单位有关，有时需要进行数据的标准化处理才能计算。

2. 变量之间的相似性度量

在变量分类中用相似系数 C_{ij} 来表示变量之间的距离或亲疏关系。C_{ij} 的绝对值越接近 1，则变量 i 和 j 的关系越密切；C_{ij} 的绝对值越接近 0，表示两变量之间的关系越疏远。度量相似性的相关系数为：

$$C_{ij} = \frac{\sum_{k=1}^{n} (x_{ki} - x_i)(x_{kj} - x_j)}{\left[\sum_{k=1}^{n} (x_{ki} - x_i)^2 \sum_{k=1}^{n} (x_{kj} - x_j)^2 \right]^{1/2}} \tag{3-27}$$

二、聚类分析的基本方法

聚类分析的方法多种多样，应用最广泛的是：系统聚类法和快速聚类法。

1. 系统聚类法

系统聚类法是聚类分析诸多方法中使用最多的一种方法，它的优点在于可以表达出由粗到细的各种分类情况。典型的系统聚类结果可由一个聚类图展示出来。系统聚类法的主要过程：

(1) 计算 n 个样品两两间的距离；

(2) 构造 n 个类，每个类只包含一个样品；

(3) 合并距离最近的两类为一个新类；

(4) 计算新类与当前各类的距离；

（5）查看类的个数是否等于 1，不为 1 则返回第三步；

（6）画出聚类图，决定分类个数和类。

类与类间的距离计算方法有最短距离法、最长距离法、重心法、类平均法和离差平方和法。其中，类平均法是两类中任意两个样品的距离的平均，是聚类效果较好、应用比较广泛的一种聚类方法。

2. 快速聚类法

快速聚类法又称为 K—均值聚类法，应用于比系统聚类法大得多的数据组。这种聚类方法的思想是把每个样品聚集到其最近形心（均值）中，过程大致分为以下三步：

（1）将样品粗略分成 K 个初始类；

（2）进行修改，通过用标准化数据或非标准化数据计算欧氏距离逐个分派样品到其最近均值的类中，重新计算接受新样品的类和失去样品的类的形心；

（3）重复第二步，直到各类无元素进出。

为了检验聚类的稳定性，可用一个新的初始分类重新检验整个聚类算法。如果最终分类与原来一样，则不必再进行计算；否则，需另行考虑聚类算法。

三、页岩油储层岩心孔隙结构聚类分析

1. 孔隙结构评价参数的相关性计算

为了分类评价致密油储层岩石的微观孔隙结构，对 21 个致密油储层岩心压汞测量得到的孔隙结构参数与渗透率和孔隙度相关性进行分析。渗透率和孔隙度是在宏观上反映储层渗透能力和储集性能的两大参数，和它们相关性高的孔隙结构参数也能够有效反映岩石的孔隙结构特征。由毛管压力曲线获得的致密油储层岩石微观孔隙结构特征参数有：孔喉半径均值（D_M）、最大孔喉半径（R_{max}）、平均孔喉半径（$\bar{R}$）、分选系数（S_p）、变异系数（D）、歪度（S_{kp}）、排驱压力（p_T）、饱和度中值压力（p_{c50}）、退汞效率（WE）、非饱和孔隙体积百分数（S）、视孔喉体积比（λ）。

并非所有的参数都能够有效反映致密油储层的微观孔隙结构特征，需要对这些参数进行一定的筛选。孔渗参数和孔隙结构参数的相关系数矩阵见表 3-9。矩阵中所有数据的绝对值均不大于 1；且相关系数绝对值越大的两个参数相关程度越大；反之，绝对值越小则两参数相关程度越小。

从表 3-9 可以看出：孔喉半径均值、最大孔喉半径、平均孔喉半径、排驱压力和非饱和孔隙体积百分数 5 个参数与孔隙度和渗透率的相关系数在 0.6 以上。因此，选取孔隙度、渗透率、孔喉半径均值、最大孔喉半径、平均孔喉半径、排驱压力、非饱和孔隙体积百分数这 7 个参数作为致密油储层分类评价的标准。

表 3-9　孔渗参数和孔隙结构参数相关系数矩阵

参数	ϕ	K	D_M	S_p	S_{kp}	D	p_{c50}	p_d	R_{max}	WE	λ	$\bar{R}$	S
ϕ	1.000	0.476	-0.652	0.253	-0.201	0.499	-0.574	-0.729	0.671	0.354	-0.384	0.703	-0.645
K		1.000	-0.370	0.328	-0.323	0.325	-0.208	-0.262	0.615	-0.090	0.019	0.620	-0.247
D_M			1.000	-0.392	0.054	-0.451	0.853	0.710	-0.728	-0.314	0.379	-0.805	0.533
S_p				1.000	-0.105	0.721	-0.332	-0.111	0.640	0.170	-0.140	0.604	0.229
S_{kp}					1.000	-0.095	-0.071	0.458	-0.423	-0.129	0.107	-0.340	0.403

续表

参数	ϕ	K	D_M	S_p	S_{kp}	D	p_{c50}	p_d	R_{max}	WE	λ	$\bar{R}$	S
D						1.000	−0.332	−0.413	0.691	0.041	0.019	0.695	−0.280
p_{c50}							1.000	0.750	−0.510	−0.420	0.528	−0.564	0.707
p_d								1.000	−0.617	−0.243	0.319	−0.645	0.840
R_{max}									1.000	0.253	−0.262	0.982	−0.490
WE										1.000	−0.925	0.240	−0.138
λ											1.000	−0.261	0.187
$\bar{R}$												1.000	−0.535
S													1.000

2. 优选参数的快速聚类分析

上述优选出的 7 个参数作为快速聚类分析法的变量，利用 SPSS 软件对这些参数进行快速聚类分析，结果如表 3-10、表 3-11 和表 3-12 所示。聚类分析结果为：21 个被测岩心最终被分为两类。第 I 类孔隙结构的岩心有 15 个，第 II 类的有 6 个。表 3-11 给出了两类孔隙结构各参数的聚类中心，即各参数的均值。表 3-12 给出了两类孔隙结构每个参数的极大值、极小值和平均值。从表 3-10 可以看出，第 I 类孔隙结构总体上要优于第 II 类。

表 3-10　实验岩心孔隙结构类型的聚类分析结果与相应样品参数

聚类分析种类	样品	ϕ, %	K, mD	D_M, μm^{-1}	p_d, MPa	R_{max}, μm	$\bar{R}$, μm	S, %
第 I 类高排驱压力—微喉道型	2013-sd002	7.7	0.012	14.03	8.79	0.08	0.03	22.31
	2013-sd005	6.8	0.014	14.05	9.24	0.08	0.03	21.33
	2013-sd006	5.4	0.021	13.29	2.78	0.26	0.09	13.02
	2013-sd008	11.5	0.121	13.49	5.48	0.13	0.05	6.10
	2013-sd009	17.6	28.000	11.85	0.36	2.01	0.52	1.04
	2013-sd010	12.1	0.095	11.58	1.13	0.65	0.28	4.18
	2013-sd011	13.2	0.016	13.47	4.69	0.16	0.05	8.33
	2013-sd012	8.6	0.008	15.18	10.15	0.07	0.02	16.38
	2013-sd014	12.0	0.725	13.17	0.85	0.85	0.20	8.17
	2013-sd015	10.9	2.010	13.17	0.85	0.87	0.20	8.17
	2013-sd016	13.1	0.273	12.07	0.36	2.07	0.48	10.28
	2013-sd018	5.7	0.039	14.86	11.18	0.07	0.02	17.44
	2013-sd019	6.2	0.115	11.96	0.95	0.77	0.23	2.48
	2013-sd020	13.6	0.295	12.13	1.19	0.62	0.19	0.76
	2013-sd021	4.8	0.012	14.69	6.13	0.12	0.03	10.57
第 II 类高排驱压力—纳喉道型	2013-sd001	5.9	0.003	14.21	18.14	0.04	0.02	38.91
	2013-sd003	3.2	0.167	14.38	20.14	0.04	0.02	41.90
	2013-sd004	4.5	0.033	14.05	21.96	0.03	0.01	71.92
	2013-sd007	1.8	0.002	14.13	18.99	0.04	0.01	60.28
	2013-sd013	5.9	0.004	14.84	13.56	0.05	0.01	36.12
	2013-sd017	9.5	0.022	13.92	6.09	0.12	0.03	54.02

表 3-11 快速聚类法最终聚类中心

聚类分析参数	聚类中心	
	第 I 类	第 II 类
ϕ, %	10.2	5.1
K, mD	2.12	0.04
D_M, μm^{-1}	13.27	14.26
p_d, MPa	4.28	16.48
R_{max}, μm	0.59	0.05
$\overline{R}$, μm	0.16	0.02
S, %	10.0	50.5

表 3-12 两类微观孔隙结构类型参数分布特征

类别　参量	第 I 类			第 II 类		
	极小值	极大值	均值	极小值	极大值	均值
ϕ, %	4.8	17.6	10.2	1.8	9.5	5.1
K, mD	0.01	28.00	2.12	0.01	0.17	0.04
D_M, μm^{-1}	11.58	15.18	13.27	13.92	14.84	14.26
p_d, MPa	0.36	11.18	4.28	6.09	21.96	16.48
R_{max}, μm	0.07	2.07	0.59	0.03	0.12	0.05
$\overline{R}$, μm	0.02	0.52	0.16	0.01	0.03	0.02
S, %	0.8	22.3	10.0	36.1	71.9	50.5

从表 3-11 和表 3-12 中可以看出，两类致密油储层岩石微观孔隙结构参数的分布特征如下：

第 I 类为较好的孔隙结构。平均孔隙度为 10.2%，平均渗透率为 2.12mD，孔喉半径均值为 13.27μm^{-1}，最大孔喉半径为 0.59μm，平均孔喉半径为 0.16μm，排驱压力为 4.28MPa，非饱和孔隙体积百分数为 10.0%。

第 II 类为较差的孔隙结构。平均孔隙度为 5.1%，平均渗透率为 0.04mD，孔喉半径均值为 14.26μm^{-1}，最大孔喉半径为 0.05μm，平均孔喉半径为 0.02μm，排驱压力为 16.48MPa，非饱和孔隙体积百分数为 50.5%。

第四章　页岩油储层岩心单相渗流实验与渗流机理分析

在致密油储层岩心孔隙结构特性分析的基础上，选择了 18 个不同孔喉分布的典型岩心（昌吉油田吉木萨尔凹陷致密油储层的天然岩心），开展单相渗流实验。根据岩心的孔隙结构特性和单相渗流实验结果，建立了致密油储层的单相渗流模式和渗透率经验公式，综合评价分析了致密油储层的渗流机理。

第一节　岩心单相渗流实验

一、实验方案与岩心样品

为了测定渗流特征曲线，研究致密油储层岩心渗流规律，在实验过程一般要满足以下条件：（1）实验流体为牛顿流体，流体的流动状态为层流；（2）流体与岩石不发生相互作用；（3）岩石孔隙结构在实验过程中不发生变化。

为了满足以上条件，一般使用根据地层水矿化度分析数据配制的盐水或煤油作为实验流体，并把实验流速控制在临界流速范围之内。为了保证实验中随驱替压力的变化孔隙结构不发生变化，一般采用维持围压与进口压力之差为常数，即岩心进口端承受的有效净围压不变的方法。

采用恒速法进行致密油储层岩心单相渗流实验，测定单相流体饱和的岩心在不同流量下的压差。从最低流量开始，一直测量到所能达到的最高流量。具体实验流程为：

（1）岩心经洗油、烘干、抽真空后，饱和单相实验流体；

（2）饱和流体的岩心放入岩心夹持器，通过在最小到最大压差范围内加载和卸载压力对岩心应力性质进行稳定性处理；

（3）从小到大依次改变注入岩心流量，调整相应的围压，保持在测量同一条渗流曲线的实验过程中平均有效净围压不变，在进出口压差稳定条件下，测量不同流量下的压差。

实验驱替泵使用 ISCO A100DX 微量计量泵，工作流量为 0.00001~45mL/min，最大工作压力为 68MPa（10000psi）。

二、岩心样品与实验流体

实验岩心样品的编号和基本物性参数见表 4-1。实验主要目的是进行机理研究，考虑到实验的方便性和兼顾实验要求，实验中所用流体选用煤油和标准盐水。实验流体注入岩心前需要经过滤膜精细过滤。实验所用的油和水的黏温曲线如图 4-1 所示。在 10.00~40.00℃ 范围内实验所用油和水的黏温曲线拟合公式分别为：

$$\mu_o = 0.0004T^2 - 0.0460T + 2.1244 \tag{4-1}$$

$$\mu_{\mathrm{w}} = 0.0001 T^2 - 0.0218 T + 1.4195 \qquad (4-2)$$

式中，温度和黏度的单位分别为℃和 mPa·s。

表 4-1　实验岩心样品的编号和基本物性参数

序号	样品	井号	样品深度 m	气测孔隙度 %	气测渗透率 mD	核磁共振孔隙 结构评价
1	2013-sd001-3	吉30	4041.01	5.9	0.003	中
2	2013-sd002-3	吉30	4042.89	7.7	0.012	中
3	2013-sd003-3	吉30	4043.70	3.2	0.167	差
4	2013-sd004-3	吉30	4045.26	4.5	0.033	差
5	2013-sd005-3	吉30	4046.93	6.8	0.014	中
6	2013-sd006-3	吉30	4047.77	5.4	0.021	好
7	2013-sd007-3	吉30	4049.14	1.8	0.002	差
8	2013-sd008-3	吉30	4050.42	11.5	0.121	中
9	2013-sd010-3	吉30	4144.01	12.1	0.095	好
10	2013-sd011-3	吉30	4147.10	13.2	0.016	好
11	2013-sd012-3	吉30	4153.55	8.6	0.008	好
12	2013-sd013-3	吉30	4156.77	5.9	0.004	差
13	2013-sd016-3	吉174	3125.78	13.1	0.273	好
14	2013-sd017-3	吉174	3144.13	9.5	0.022	中
15	2013-sd018-3	吉174	3244.87	5.7	0.039	中
16	2013-sd019-3	吉174	3254.67	6.2	0.115	好
17	2013-sd020-3	吉174	3276.83	13.6	0.295	好
18	2013-sd021-3	吉174	3285.71	4.8	0.012	中

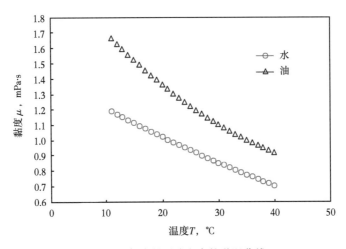

图 4-1　实验所用油和水的黏温曲线

第二节　岩心单相渗流的特征与机理分析

一、单相渗流曲线的非线性特征

根据 18 块岩心单相渗流实验结果，渗流速度与压力梯度关系的直角坐标和对数坐标曲线如图 4-2 至图 4-19 所示。

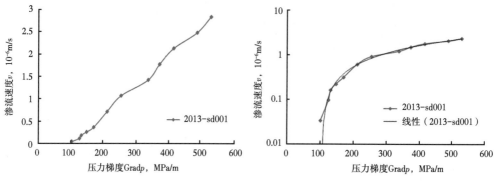

图 4-2　样品 2013-sd001-3 的渗流速度与压力梯度关系

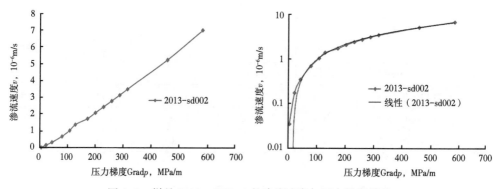

图 4-3　样品 2013-sd002-3 的渗流速度与压力梯度关系

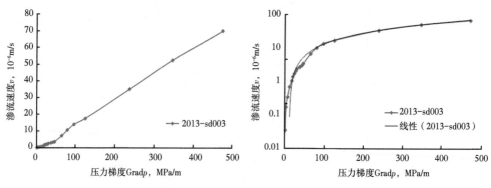

图 4-4　样品 2013-sd003-3 的渗流速度与压力梯度关系

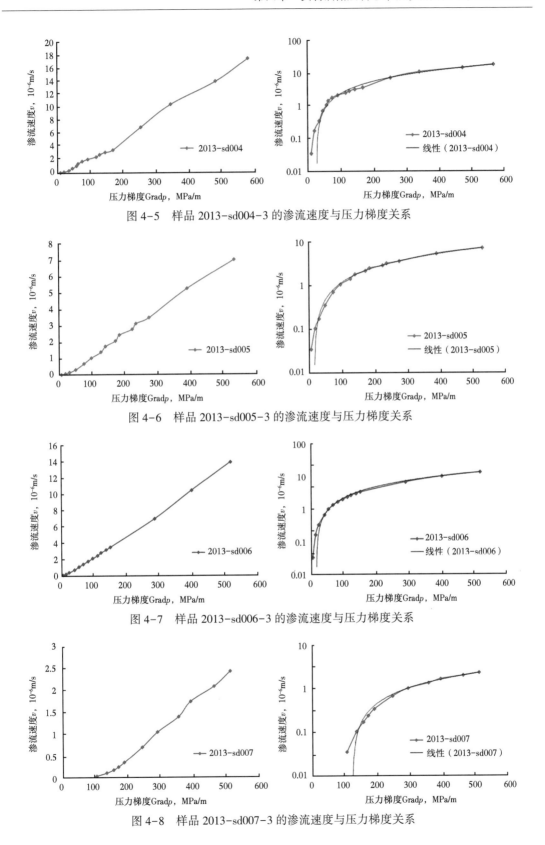

图 4-5 样品 2013-sd004-3 的渗流速度与压力梯度关系

图 4-6 样品 2013-sd005-3 的渗流速度与压力梯度关系

图 4-7 样品 2013-sd006-3 的渗流速度与压力梯度关系

图 4-8 样品 2013-sd007-3 的渗流速度与压力梯度关系

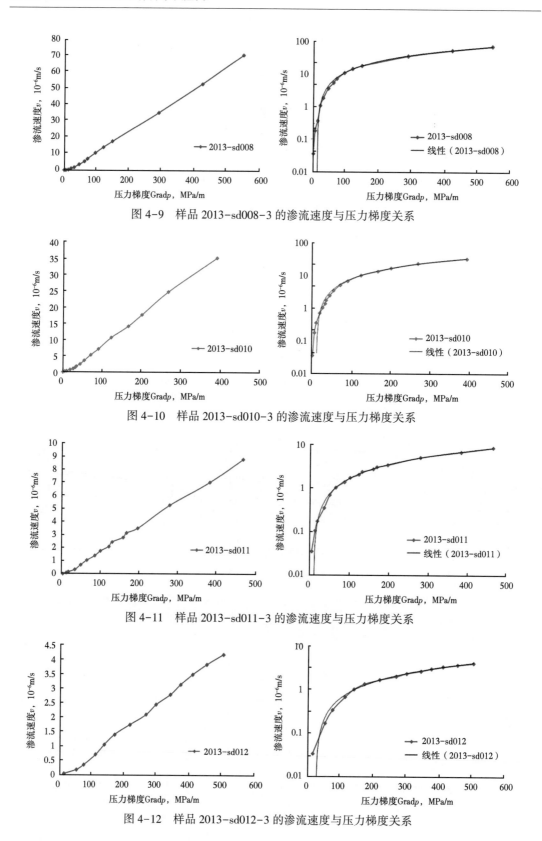

图 4-9　样品 2013-sd008-3 的渗流速度与压力梯度关系

图 4-10　样品 2013-sd010-3 的渗流速度与压力梯度关系

图 4-11　样品 2013-sd011-3 的渗流速度与压力梯度关系

图 4-12　样品 2013-sd012-3 的渗流速度与压力梯度关系

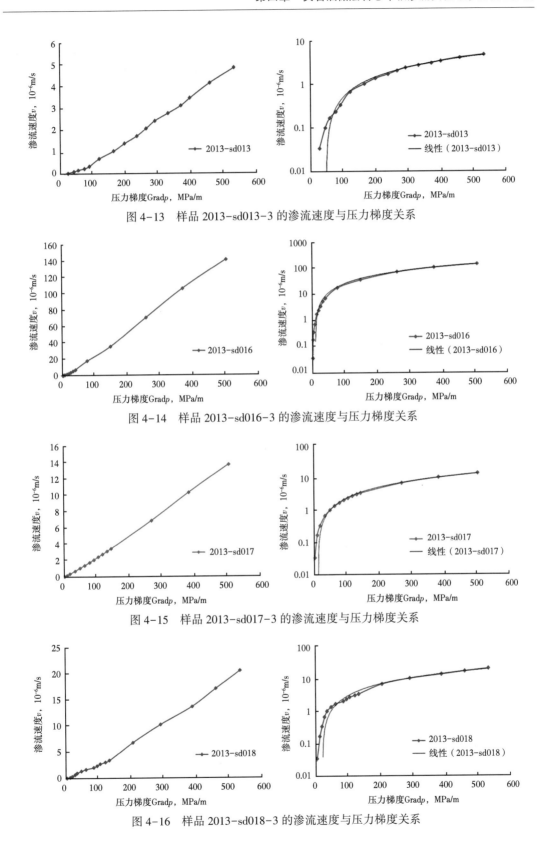

图 4-13　样品 2013-sd013-3 的渗流速度与压力梯度关系

图 4-14　样品 2013-sd016-3 的渗流速度与压力梯度关系

图 4-15　样品 2013-sd017-3 的渗流速度与压力梯度关系

图 4-16　样品 2013-sd018-3 的渗流速度与压力梯度关系

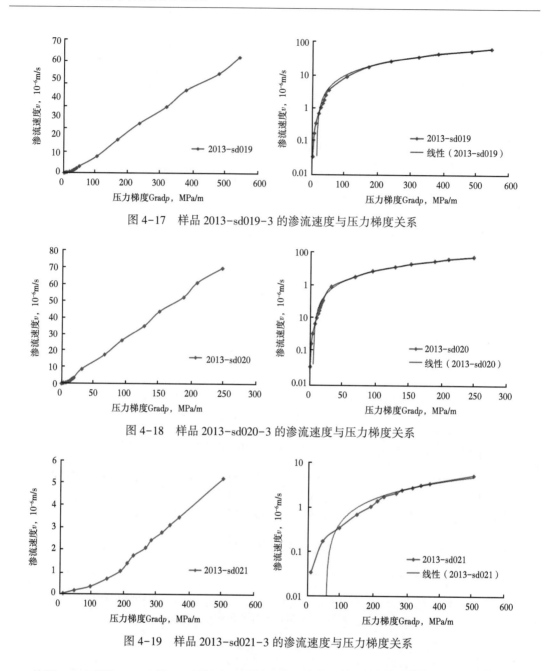

图 4-17　样品 2013-sd019-3 的渗流速度与压力梯度关系

图 4-18　样品 2013-sd020-3 的渗流速度与压力梯度关系

图 4-19　样品 2013-sd021-3 的渗流速度与压力梯度关系

　　从图 4-2 至图 4-19 可知，所得渗流曲线均具有典型的非达西渗流特征。在低渗流速度下，渗流曲线呈现明显的非线性关系；随着渗流速度的提高，曲线由非线性关系过渡到线性关系，但是这一线性关系不通过坐标原点，即不符合达西线性渗流关系。同一性质的流体在不同多孔介质中表现出不同的渗流特征，这充分说明多孔介质的孔隙结构特征起着决定作用。

　　孔隙半径大小直接影响渗透率。在高压压汞和核磁共振分析中得到，致密油储层岩心的渗透率 K 与平均孔隙半径 r 之间的关系可表示为：

$$K = ar^b \tag{4-3}$$

致密油储层岩心孔隙系统是由不同大小的孔隙"连通的"喉道所组成更复杂的孔喉网络，孔隙喉道半径细小，平均孔喉半径在几十纳米范围内。流体在细小的孔喉网络流动时，会产生显著的贾敏效应和严重的卡断现象。这种流动形态的变化导致了渗流阻力的增大，当驱动压力小、低速渗流时流体渗流不遵循达西定律，具有非线性渗流特征。再加上致密油储层岩心的微观孔隙结构复杂、比表面积高、细小孔喉作用强，从而引发强烈的界面效应。根据流体与固体之间界面作用的边界层理论，由于致密油储层岩心的孔隙系统基本上是由微小孔隙组成的，所以流体与固体之间的界面张力影响显著，在流动过程出现不可忽视的阻力。只有当驱动压力梯度大于界面张力时，该孔道中的流体才开始流动。因此，启动压力在微观上是固液界面的张力。固液界面相互作用对流体渗流的影响随多孔介质的渗透率或孔隙半径增大而单调递减。当多孔介质的渗透率或孔隙半径减小到某个值以后，固液界面相互作用的影响变成较大的值，以至产生不可忽略的渗流阻力，从而流体渗流出现非线性特征。

二、基于启动压力梯度的单相渗流非线性数学模型

根据高压压汞和核磁共振分析，致密油储层属于微纳米级孔隙储层。根据边界层理论，在微纳米级孔隙储层中随孔隙半径减小，储层渗透能力急剧减弱，孔隙壁面固液相互作用对流体渗流的影响不能忽略。考虑固液相互作用的影响，固液边界层使孔喉有效渗流半径发生变化，进而影响了流速的变化规律。采用毛细管模型和边界层理论，可推导出微纳米级孔隙介质的流体渗流速度与压力梯度具有三次函数关系。因此，采用式（4-4）的三次函数形式对渗流速度与压力梯度关系的实验数据进行拟合：

$$v = A\nabla p^3 + B\nabla p^2 + C\nabla p + D \tag{4-4}$$

式中，v 为渗流速度，10^{-6} m/s；∇p 为压力梯度，MPa/m；A，B，C，D 分别为拟合参数，拟合结果见表 4-2。拟合函数关系式中三次项和二次项均表征边界层对渗流的影响，一次项表征黏滞阻力的影响，常数项表征启动压力梯度的影响。

表 4-2　实验岩心的渗流速度与压力梯度关系的拟合参数

序号	样品	拟合公式 （y—v，x—∇p）	A	B	C	D	相关系数 R^2	拟启动压力梯度 MPa/m
1	2013-sd001-3	$y = -5\times10^{-9}x^3 + 5\times10^{-6}x^2$ $+0.005x - 0.5699$	-5×10^{-9}	5×10^{-6}	5×10^{-3}	-0.5699	0.9964	107.54
2	2013-sd002-3	$y = -8\times10^{-10}x^3 + 4\times10^{-6}x^2$ $+0.01x - 0.0528$	-8×10^{-8}	4×10^{-5}	1×10^{-2}	-0.0528	0.9996	17.43
3	2013-sd003-3	$y = -3\times10^{-7}x^3 + 0.0002x^2$ $+0.1187x - 0.9273$	-3×10^{-7}	2×10^{-4}	0.1187	-0.9273	0.9983	10.91
4	2013-sd004-3	$y = -6\times10^{-8}x^3 + 6\times10^{-5}x^2$ $+0.0175x - 0.1241$	-6×10^{-8}	6×10^{-5}	0.0175	-0.1241	0.9970	25.46
5	2013-sd005-3	$y = -2\times10^{-8}x^3 + 1\times10^{-5}x^2$ $+0.0113x - 0.126$	-2×10^{-8}	1×10^{-5}	0.0113	-0.1260	0.9983	14.89

序号	样品	拟合公式 (y—v, x—∇p)	A	B	C	D	相关系数 R^2	拟启动压 力梯度 MPa/m
6	2013-sd006-3	$y=-6\times10^{-9}x^3+1\times10^{-5}x^2$ $+0.0219x-0.0994$	-6×10^{-9}	1×10^{-5}	0.0219	−0.0994	0.9998	14.17
7	2013-sd007-3	$y=-1\times10^{-8}x^3+2\times10^{-5}x^2$ $+0.0008x-0.2553$	-1×10^{-8}	2×10^{-5}	0.0008	−0.2553	0.9979	125.03
8	2013-sd008-3	$y=-2\times10^{-8}x^3+3\times10^{-5}x^2$ $+0.117x-1.1815$	-2×10^{-8}	3×10^{-5}	0.1170	−1.1815	0.9992	9.12
9	2013-sd010-3	$y=-3\times10^{-7}x^3+0.0002x^2$ $+0.0658x-0.4859$	-3×10^{-7}	2×10^{-4}	0.0658	−0.4859	0.9991	11.93
10	2013-sd011-3	$y=-3\times10^{-9}x^3+3\times10^{-6}x^2$ $+0.0186x-0.1630$	-3×10^{-9}	3×10^{-6}	0.0186	−0.1630	0.9988	9.81
11	2013-sd012-3	$y=-1\times10^{-8}x^3+8\times10^{-6}x^2$ $+0.0073x-0.1554$	-1×10^{-8}	8×10^{-6}	0.0073	−0.1554	0.9979	24.99
12	2013-sd013-3	$y=-2\times10^{-8}x^3+2\times10^{-5}x^2$ $+0.0048x-0.1521$	-2×10^{-8}	2×10^{-5}	0.0048	−0.1521	0.9991	45.67
13	2013-sd016-3	$y=-6\times10^{-7}x^3+0.0005x^2$ $+0.1828x-0.7312$	-6×10^{-7}	5×10^{-4}	0.1828	−0.7312	0.9998	9.52
14	2013-sd017-3	$y=-2\times10^{-8}x^3+3\times10^{-5}x^2$ $+0.0208x-0.0552$	-2×10^{-8}	3×10^{-5}	0.0208	−0.0552	1.0000	13.01
15	2013-sd018-3	$y=-4\times10^{-8}x^3+5\times10^{-5}x^2$ $+0.0227x-0.0561$	-4×10^{-8}	5×10^{-5}	0.0227	−0.0561	0.9985	21.09
16	2013-sd019-3	$y=-2\times10^{-7}x^3+0.0001x^2$ $+0.0907x-0.9359$	-2×10^{-7}	1×10^{-4}	0.0907	−0.9359	0.9986	13.23
17	2013-sd020-3	$y=-1\times10^{-6}x^3+0.0005x^2$ $+0.2477x-1.0955$	-1×10^{-6}	5×10^{-4}	0.2477	−1.0955	0.9988	5.35
18	2013-sd021-3	$y=-4\times10^{-8}x^3+3\times10^{-5}x^2$ $+0.0068x-0.0685$	-4×10^{-8}	3×10^{-5}	0.0068	−0.0685	0.9982	18.91

从表 4-2 可知，D 均小于 0，说明流体在致密油储层岩心中的渗流存在实际意义上的启动压力梯度。

1. 拟合参数与气测渗透率关系的分析

拟合参数 A，B，C，D 与气测渗透率的关系如图 4-20 至图 4-23 所示。从图 4-20 至图 4-22 可知，A，B，C 与气测渗透率之间有较好的线性关系。C 与气测渗透率之间线性关系的相关系数 $R^2=0.9753$，因此拟合公式（4-4）的 C 项可认为是达西渗流项，C 可认为是达西渗流系数，与岩石的渗透率和流体的黏度有关。

A，B，D 可认为是与边界层厚度有关的渗流项，这 3 项构成了流体在致密油储层岩心

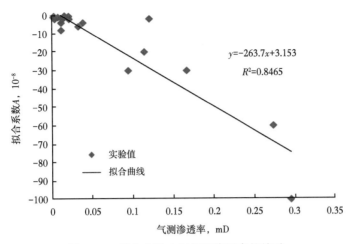

图 4-20　拟合参数 A 与气测渗透率的关系

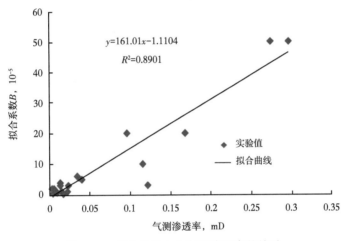

图 4-21　拟合参数 B 与气测渗透率的关系

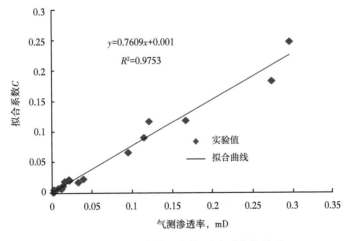

图 4-22　拟合参数 C 与气测渗透率的关系

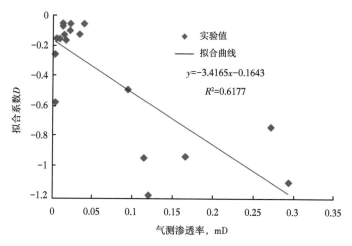

图 4-23　拟合参数 D 与气测渗透率的关系

中的非线性渗流特征，均反映了流体在微纳孔隙结构的致密油储层岩心渗流时边界层的影响。从图 4-23 可知，D 在全部 18 个样品的实验数据范围内与气测渗透率的相关性不明显，但在致密油渗透率小于 0.1mD 界限范围内有一定的相关性，如图 4-24 所示。由图 4-24 可知，D 与气测渗透率呈对数函数关系，岩心孔隙半径越小，渗透率越小，D 越大，表明流体渗流的启动压力梯度越大。D 与气测渗透率的拟合公式为：

$$D = 0.1058\ln K + 0.3147 \tag{4-5}$$

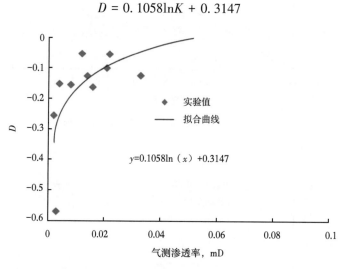

图 4-24　渗透率小于 0.1mD 界限范围内 D 与气测渗透率的关系

2. 拟合参数与结构特征孔喉半径关系的分析

为了分析致密油储层岩心孔隙结构对渗流数学方程的影响，在全面考虑高压压汞分析和核磁共振分析的基础上，定义一个新的综合反映岩心孔隙结构特征参数——结构特征孔喉半径 R_{sc}。结构特征孔喉半径定义为特征结构系数 T、结构渗流系数 ε 和孔喉半径 $\overline{R}$ 三者的乘积：

$$R_{sc} = \varepsilon T \overline{R} \qquad (4-6)$$

结构特征孔喉半径为表征岩心孔隙体积大小、平均孔喉半径、渗透率及其均匀程度、流体渗流能力的物理量，综合反映了致密油储层岩心的孔喉大小、孔喉分选性和孔喉渗流能力的特征。

A，B，C，D 与结构特征孔喉半径的关系如图 4-25 至图 4-28 所示。由图 4-25 至图 4-28可知，A，B，D 与结构特征孔喉半径之间有较好的线性关系，C 与结构特征孔喉半径之间呈较好的指数函数关系。A，B，C，D 与结构特征孔喉半径 R_{sc} 的拟合公式如式（4-7）至式（4-10）所示：

$$A = -20.701R_{sc} + 2.1559 \qquad (R^2 = 0.6561) \qquad (4-7)$$

$$B = 12.757R_{sc} - 0.6461 \qquad (R^2 = 0.7065) \qquad (4-8)$$

$$C = 0.0082e^{1.1144R_{sc}} \qquad (R^2 = 0.6210) \qquad (4-9)$$

$$D = -0.2909R_{sc} - 0.1395 \qquad (R^2 = 0.6190) \qquad (4-10)$$

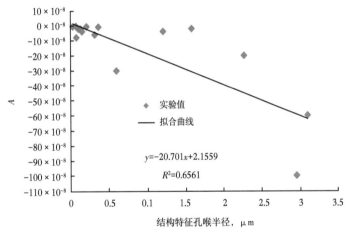

图 4-25　A 与结构特征孔喉半径关系

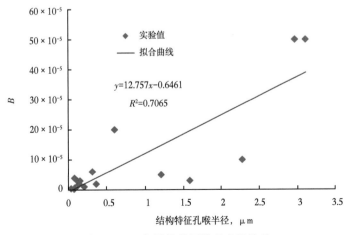

图 4-26　B 与结构特征孔喉半径关系

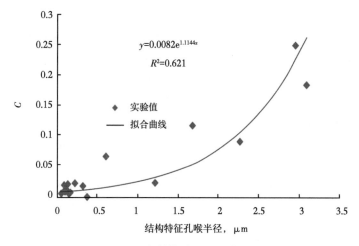

图 4-27　C 与结构特征孔喉半径关系

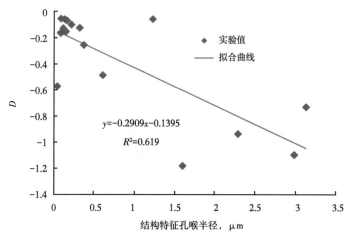

图 4-28　D 与结构特征孔喉半径关系

三、单相渗流的启动压力分析

通过渗流曲线线性拟合的拟启动压力梯度与气测渗透率、结构特征孔喉半径的关系分别如图 4-29 和图 4-30 所示。通过式（4-4）渗流数学模型拟合的渗流方程计算出的启动压力梯度与渗透率、结构特征孔喉半径的关系分别如图 4-31 和图 4-32 所示。

拟启动压力梯度 λ_f 与气测渗透率 K_g、结构特征孔喉半径 R_{sc} 关系的拟合公式分别见式（4-11）和式（4-12），计算启动压力梯度 λ_c 与气测渗透率、结构特征孔喉半径的关系分别见式（4-13）和式（4-14）。

$$\lambda_f = 3.612 K_g^{-0.450} \tag{4-11}$$

$$\lambda_f = 14.248 R_{sc}^{-0.264} \tag{4-12}$$

$$\lambda_c = 1.787 K^{-0.469} \tag{4-13}$$

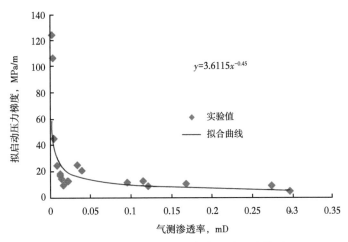

图 4-29　拟启动压力梯度与气测渗透率关系

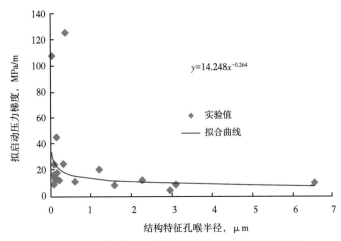

图 4-30　拟启动压力梯度与结构特征孔喉半径关系

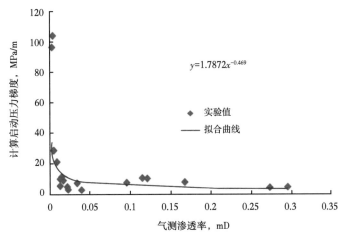

图 4-31　计算启动压力梯度与气测渗透率关系

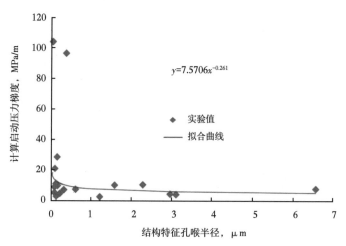

图4-32 计算启动压力梯度与结构特征孔喉半径关系

$$\lambda_c = 7.571 R_{sc}^{-0.261} \tag{4-14}$$

式中，启动压力梯度、气测渗透率和结构特征孔喉半径的单位分别为 MPa/m，mD 和 μm。

由此可知，拟启动压力梯度、计算启动压力梯度与气测渗透率或结构特征孔喉半径的关系均呈幂函数关系；启动压力梯度随渗透率或结构特征孔喉半径的减小而增大，经过从缓慢增加到迅速增加两个阶段；计算启动压力梯度的变化范围为 2.42~104.25 MPa/m，拟启动压力梯度的变化范围为 5.34~125.03MPa/m，均有 3 个数量级的变化。

为了进一步分析结构特征孔喉半径对启动压力梯度的影响，拟合了结构特征孔喉半径与平均孔喉半径的关系如图 4-33 所示，拟合公式如下：

$$\overline{R} = 0.0229 e^{0.8223 R_{sc}} \tag{4-15}$$

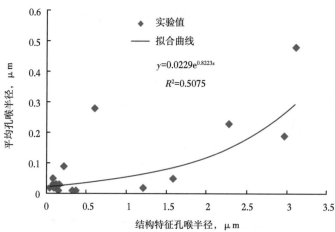

图4-33 结构特征孔喉半径与平均孔喉半径的关系

由图 4-30 和图 4-32 可知，当岩心结构特征孔喉半径大于 1μm（平均孔喉半径为 0.052μm）时，随着结构特征孔喉半径的减小，启动压力梯度近似线性函数关系缓慢增大；当岩心结构特征孔喉半径小于$1\mu m$时，随着结构特征孔喉半径的减小，启动压力梯度呈指数函数关系快速增大；表明启动压力梯度的变化存在临界点。这是因为随着孔喉半径增大，边界流体所占的比例减少，边界层对流体渗流的影响程度减弱。

四、单相渗流的岩心渗透率分析

为了分析单相渗流时致密油储层岩心渗透率的变化，采用达西方程计算出渗流实验曲线上每一点的渗透率，这一渗透率称为视渗透率K_v。各实验岩心的视渗透率与压力梯度关系的直角坐标和对数坐标曲线分别如图4-34至图4-51所示。

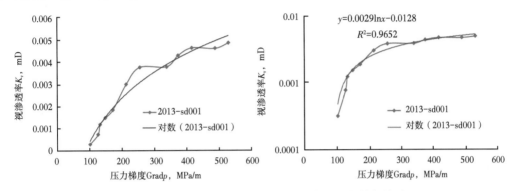

图4-34　样品2013-sd001-3的视渗透率与压力梯度关系

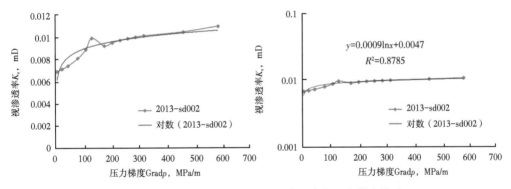

图4-35　样品2013-sd002-3的视渗透率与压力梯度关系

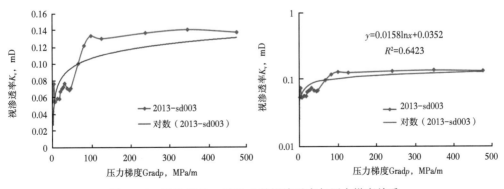

图4-36　样品2013-sd003-3的视渗透率与压力梯度关系

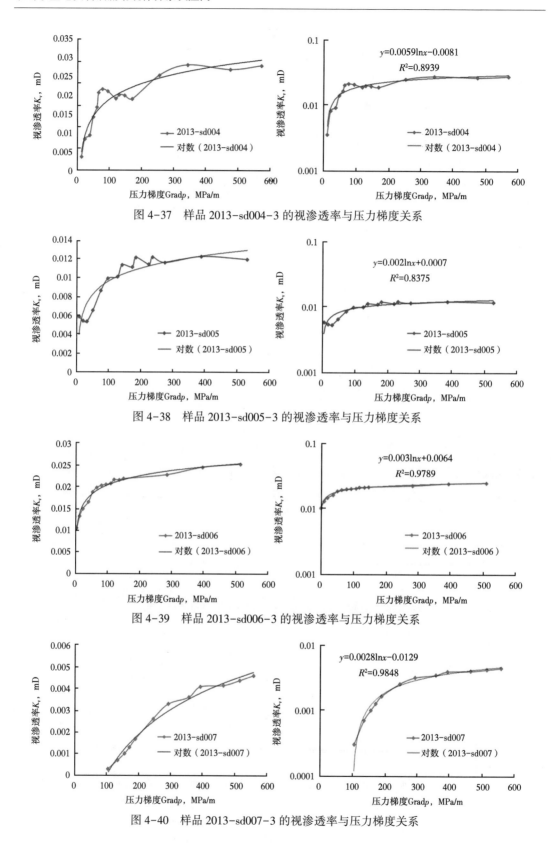

图 4-37　样品 2013-sd004-3 的视渗透率与压力梯度关系

图 4-38　样品 2013-sd005-3 的视渗透率与压力梯度关系

图 4-39　样品 2013-sd006-3 的视渗透率与压力梯度关系

图 4-40　样品 2013-sd007-3 的视渗透率与压力梯度关系

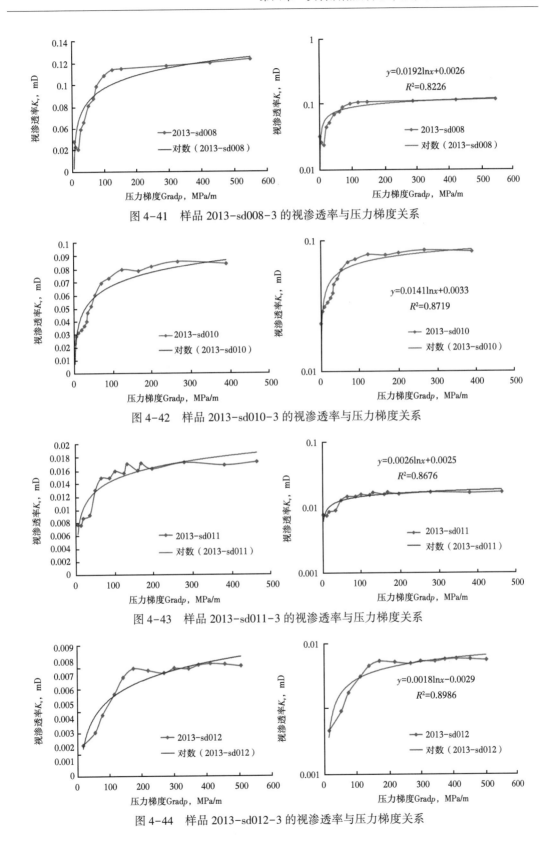

图 4-41　样品 2013-sd008-3 的视渗透率与压力梯度关系

图 4-42　样品 2013-sd010-3 的视渗透率与压力梯度关系

图 4-43　样品 2013-sd011-3 的视渗透率与压力梯度关系

图 4-44　样品 2013-sd012-3 的视渗透率与压力梯度关系

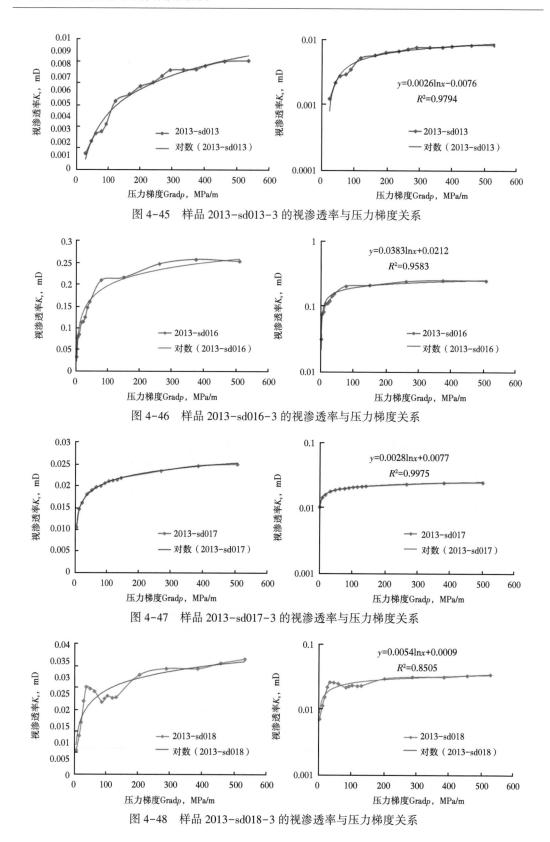

图 4-45　样品 2013-sd013-3 的视渗透率与压力梯度关系

图 4-46　样品 2013-sd016-3 的视渗透率与压力梯度关系

图 4-47　样品 2013-sd017-3 的视渗透率与压力梯度关系

图 4-48　样品 2013-sd018-3 的视渗透率与压力梯度关系

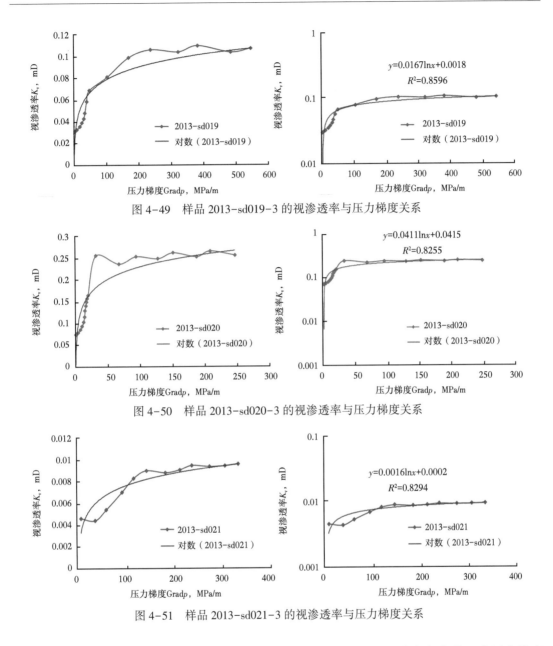

图 4-49 样品 2013-sd019-3 的视渗透率与压力梯度关系

图 4-50 样品 2013-sd020-3 的视渗透率与压力梯度关系

图 4-51 样品 2013-sd021-3 的视渗透率与压力梯度关系

由图 4-34 至图 4-51 可知，致密油储层岩心渗透率是随压力梯度变化的。当压力梯度较低时，渗透率随压力梯度的增加明显增大，这时单相渗流特征表现为非线性渗流；当压力梯度上升到较高程度时，渗透率随压力梯度的增加基本保持不变，这时单相渗流特征表现为线性渗流。这是因为致密油储层岩心的微纳孔喉细小，固液相互作用的影响大，当压力梯度较低时，岩心两端压差不能克服较小孔喉中较大的渗流阻力，因此部分喉道不参与流动，渗透率相对较小；随着压力梯度的逐渐增大，逐渐有较小的孔隙孔道中的流体参与流动，渗透率逐渐增大；当压力梯度达到较高程度时，能够参与流动孔喉达到基本稳定，渗透率保持不变。

根据拟合曲线回归分析可知，视渗透率与压力梯度基本上呈对数函数关系，拟合方程可表示为：

$$K_v = a\ln(\nabla p) + b \tag{4-16}$$

式中，K_v 为视渗透率，mD；∇p 为压力梯度，MPa/m；a，b 分别为拟合参数，拟合结果见表 4-3。

表 4-3　实验岩心的视渗透率与压力梯度关系的拟合参数

序号	样品编号	拟合公式 ($y—K_v$, $x—\nabla p$)	a	b	R^2
1	2013-sd001-3	$y = 0.0029\ln x - 0.0128$	0.0029	-0.0128	0.9652
2	2013-sd002-3	$y = 0.0009\ln x + 0.0047$	0.0009	0.0047	0.8785
3	2013-sd003-3	$y = 0.0158\ln x + 0.0352$	0.0158	0.0352	0.6423
4	2013-sd004-3	$y = 0.0059\ln x - 0.0081$	0.0059	-0.0081	0.8939
5	2013-sd005-3	$y = 0.0020\ln x + 0.0007$	0.0020	0.0007	0.8375
6	2013-sd006-3	$y = 0.0030\ln x + 0.0064$	0.0030	0.0064	0.9789
7	2013-sd007-3	$y = 0.0028\ln x - 0.0129$	0.0028	-0.0129	0.9848
8	2013-sd008-3	$y = 0.0192\ln x + 0.0026$	0.0192	0.0026	0.8226
9	2013-sd010-3	$y = 0.0141\ln x + 0.0033$	0.0141	0.0033	0.8719
10	2013-sd011-3	$y = 0.0026\ln x + 0.0025$	0.0026	0.0025	0.8676
11	2013-sd012-3	$y = 0.0018\ln x - 0.0029$	0.0018	-0.0029	0.8986
12	2013-sd013-3	$y = 0.0026\ln x - 0.0076$	0.0026	-0.0076	0.9794
13	2013-sd016-3	$y = 0.0383\ln x + 0.0212$	0.0383	0.0212	0.9583
14	2013-sd017-3	$y = 0.0028\ln x + 0.0077$	0.0028	0.0077	0.9975
15	2013-sd018-3	$y = 0.0054\ln x + 0.0009$	0.0054	0.0009	0.8505
16	2013-sd019-3	$y = 0.0167\ln x + 0.0018$	0.0167	0.0018	0.8596
17	2013-sd020-3	$y = 0.0411\ln x + 0.0415$	0.0411	0.0415	0.8255
18	2013-sd021-3	$y = 0.0016\ln x + 0.0002$	0.0016	0.0002	0.8294

由表 4-3 可知，致密油储层岩心的视渗透率与压力梯度的关系，采用式（4-16）的对数函数关系拟合具有很好的相关性。为了探讨岩心孔隙结构对视渗透率的影响，进一步分析了式（3-43）中拟合参数 a，b 与结构特征孔喉半径，分别如图 4-52 和图 4-53 所示，拟合公式如下：

$$a = 0.0113R_{sc} + 0.0006 \quad (R^2 = 0.8878) \tag{4-17}$$

$$b = 0.0088R_{sc} - 0.0041 \quad (R^2 = 0.5150) \tag{4-18}$$

由图 4-52、图 4-53 和式（4-17）、式（4-18）可知，a，b 与结构特征孔喉半径之间呈线性函数关系，特别是拟合参数 a 与结构特征孔喉半径具有很好的线性关系，相关系数达 0.8878。

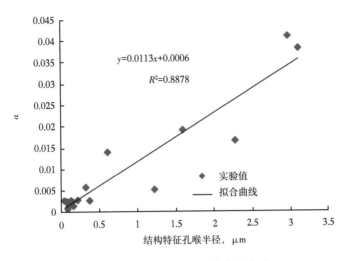

图 4-52　a 与结构特征孔喉半径关系

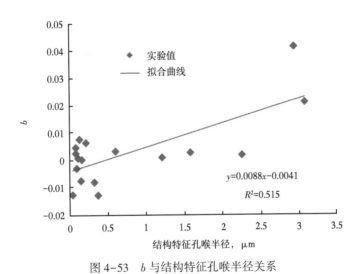

图 4-53　b 与结构特征孔喉半径关系

五、基于视渗透率的单相渗流非线性数学模型

根据启动压力梯度概念建立的致密油储层岩心单相渗流数学模型，具有较完备的理论基础。但是，在实际应用中存在一些问题，主要表现在两个方面：（1）实验准确测量启动压力梯度的难度很大，常常实验测量的启动压力梯度较大，油藏开发的实际压力梯度小于实验测量值；（2）在此情况下，按照入"启动压力梯度"项的非线性渗流理论，大部分区域渗流速度为零，没有产量，而实际生产中油井都保持一定的单井产量，这样就会造成基于"启动压力梯度"建立的非达西渗流模型不能与生产实际相符。

根据前述关于致密油储层岩心视渗透率的分析，认为致密油储层岩心的渗透率是随压力梯度变化的，从唯象理论的观点出发，借鉴达西方程的形式，可建立描述致密油储层岩心单相非线性渗流特征数学模型，如下式所示：

$$v = -\frac{K(\nabla p)}{\mu}\nabla p \qquad\qquad (4-19)$$

式中，v 为渗流速度；∇p 为压力梯度；$K(\nabla p)$ 表示渗透率为压力梯度的函数，可用式（4-16）的方程形式 $K(\nabla p) = a\ln(\nabla p) + b$ 来描述，其中 a，b 为致密油储层物性相关的系数。

　　式（4-19）所表示的致密油储层岩心单相渗流数学模型认为：岩心内任意压力梯度下都存在渗流过程；岩心内部不同大小尺度的孔喉先后参与流动，这是出现非线性渗流的原因之一。

第五章　页岩油储层岩石流体流动
的格子 Boltzmann 方法研究

本章内容基于致密油储层岩石数字岩心技术，首先探讨了各种用于模拟致密油储层岩石流体流动的数值模拟方法，从中优选出适合于致密油储层岩石流体流动的格子 Boltzmann 方法，并阐明了所用到的格子 Boltzmann 单相流和两相流方法；研究了用格子 Boltzmann 方法建立致密油储层岩石流体流动单相模型和两相模型的具体方法和步骤；给出了模型中宏观量的计算方法和边界处理条件。

第一节　流体流动数值模拟方法概述

致密油储层岩石流体流动的数值模拟方法主要分为粒子方法和计算流体力学方法两大类。粒子方法包括分子动力学方法、直接模拟蒙特卡罗方法、耗散粒子动力学方法、离散单元法、光滑粒子动力学方法和格子 Boltzamnn 方法等，计算流体力学方法包括有限差分法、有限体积法、有限元法和谱方法等。

传统的流体力学模拟方法，如有限差分、有限体积和有限元等虽然已经发展得较为完善，但对于边界形状复杂的流场来说，流场节点较难与边界点相重合，从而会引起较大的误差。因而，这些方法在诸如多孔介质流动、微尺度流体流动与换热等方面模拟精度不够，误差大。粒子方法，如分子动力学、直接模拟蒙特卡罗方法等，由于其出发角度是微观粒子，流动模拟的计算量非常大，而且宏观上的可视化效果较差，因而也不适合于致密油储层岩石流体流动模拟。格子 Boltzmann 方法基于分子动理论，在宏观上是离散方法，在微观上是连续方法，本质是一种连接宏观与微观的介观模拟方法，再加上其天然的并行特性，以及边界处理简单等优点，使其非常适合于数字岩心流体流动模拟。

在致密油储层岩石微纳尺度的流体流动中，克努森数（Kn）是一个重要参数。Kn 定义为流体的平均自由程和流场的特征长度之比，用来判断流场的连续性条件和确定适用的流体流动模拟方法。如图 5-1 所示，从模拟尺度上看，格子 Boltzmann 方法适用于 Kn 值在 0.5 之下的所有微观尺度的流动，相对于其他流体流动的数值模拟方法来说，格子 Boltzmann 方法更适合于致密油储层岩石流体流动的模拟。

格子 Boltzmann 方法不仅在模拟尺度上具有其他模拟方法所不具有的优势，其在模拟多相流和计算效率上具有先天的优点：

（1）格子 Boltzmann 方法在模拟致密油储层岩石流体流动微纳尺度上的优势：格子 Boltzmann 方法是一种新兴的数值模拟方法，该方法在宏观上是离散方法，微观上是连续方法，因而被称为联系宏观和微观的介观模拟方法。

（2）格子 Boltzmann 方法在模拟致密油储层岩石多相流动上的优势：格子 Boltzmann 方法微观粒子背景使其可以比较直观、方便地处理流体内部以及流体与周围环境的相互作用，从而在对多组分、多相态系统、界面动力学等复杂现象的描述方面比传统的数值方法更有优势。

（3）格子 Boltzmann 方法在计算模拟效率方面的优势：从计算的角度看，格子 Boltzmann 方法的演化过程物理清晰、计算简单、编程容易，具有良好的并行性和可扩展性，对于大规模流动问题的计算具有很大优势。

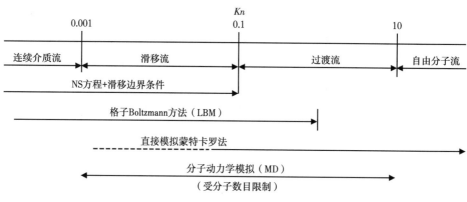

图 5-1　不同尺度下的流动模拟方法比较

第二节　格子 Boltzmann 方法的基本理论

建立致密油储层岩石数字岩心之后，选取三维数字岩心的切片作为二维多孔介质的样例，并使用格子 Boltzmann 方法对其划分网格并建立模型。致密油储层岩石单相流模型和两相流模型的建立机制不同，下面以简单二维方形流场为例，说明致密油储层岩石单相流和两相流的建立机制。

一、单相流体流动格子 Boltzmann 模拟的基本方法

单相流模型的建立以格子 Boltzmann 方法中的基本模型 BGK 模型为基础。流体在流场中的流动在物理学上是一个弛豫过程，是一个从不稳定状态过渡到稳定状态的过程。

模型建立的第一步是将储层岩石的数字岩心模型划分为长宽均匀的网格，不仅流体区域被划分，固体区域也要被划分为均匀的网格。图 5-2 为一个简单方形流场的网格划分，其中灰色代表固体区域，其他部分为流体区域。模型建立之初需要设立初始条件和边界条件。初始条件就是流场中流体的初始状态，包括流体粒子的速度和网格点上的流体密度等。边界条件分为内边界条件、进出口边界条件和其他边界条件。对于如图 5-2 所示的方形流场来说，固体区域的边界处于流场内边界，左右出口分别属于入口和出口边界，上下边界属于流场的外边界。一个完整的流体流动模型包括流体的流动方法（机制）、流体流动的初始条件和流体流动的边界条件。设置好流场的初始条件和边界条件，就需要设置流场中流体的流动方法，即格子 Boltzmann 方法的基本模型——BGK 模型。

格子 Boltzmann 方法模拟流体流动的基本思路：假设在流场中，流体粒子是一个时步一个时步进行演化的，且每一时步流体的演化分为碰撞和迁移两个步骤；初始时刻，流体

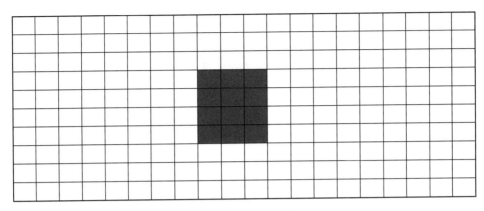

图 5-2　方形流场网格划分示意图

粒子按一定数量级（与初始密度值设置相关）分布在流场中的网格点上，开始演化后，网格点上的粒子相互之间发生碰撞，碰撞的结果是一部分流体粒子留在原来的网格点，一部分流体粒子按照一定的比例迁移向邻近的网格点；经过一个时步的演化，流场中网格点上的流体粒子进行了重新分布，然后开始进行下一个时步的碰撞迁移，直至整个流场中的流体流动达到稳定状态，流体的演化结束。需要注意的是，流体粒子只能存在于每一个网格点上，不能脱离网格点跑到网格中心；流体粒子的迁移也只能沿着网格线进行，不能穿越网格；流体粒子朝不同方向的迁移是在遵循质量守恒、动量守恒和能量守恒的条件下按一定的比例迁移的，并不是随机的。

　　格子 Boltzmann 方法以流体粒子的密度分布函数 f 来描述表征流体，密度分布函数 f 依赖于空间、速度和时间，即 $f(\boldsymbol{r}, \boldsymbol{\xi}, t)$。在不考虑外力的情况下，$f$ 满足连续 Boltzmann 方程：

$$\frac{\partial f}{\partial t} + \boldsymbol{\xi} \cdot \nabla f = \Omega_f \tag{5-1}$$

式中，ξ 为粒子速度，m/s；Ω_f 为碰撞算子。

　　在格子 Boltzmann 方法中，需要对式（5-1）在速度空间进行离散，并采用 BGK 碰撞算子，可得离散 Boltzmann-BGK 方程：

$$\frac{\partial f_\alpha}{\partial t} + \boldsymbol{e}_\alpha \cdot \nabla f_\alpha = -\frac{1}{\tau}(f_\alpha - f_\alpha^{\mathrm{eq}}) \tag{5-2}$$

式中，$\boldsymbol{e}_\alpha$ 为格子离散速度，m/s；τ 是弛豫时间，s，表征流场中流体从稳定状态过渡到不稳定状态的时间。

　　将式（5-2）沿特征方向进行差分离散，在空间上采用一阶迎风格式，时间上采用一阶向前格式，可得格子 Boltzmann-BGK 方程：

$$f_\alpha(\boldsymbol{r} + \boldsymbol{e}_\alpha \delta_t, \ t + \delta_t) - f_\alpha(\boldsymbol{r}, \ t) = -\frac{1}{\tau}[f_\alpha(\boldsymbol{r}, \ t) - f_\alpha^{\mathrm{eq}}(\boldsymbol{r}, \ t)] \tag{5-3}$$

式中，$\boldsymbol{r}$ 为流体粒子的空间位置，m；δ_t 为时间步长，s。

　　对于式（5-3），若要求格子离散速度等于格子间距与时间步长的比值，则该方程为标准格子 Boltzmann 方法的控制方程。在标准格子 Boltzmann 方法中，通常取 $e_{\alpha x} = \delta_x/\delta_t = e_{\alpha y} = \delta_y/\delta_t = 1$，此时的物理量所采用的是格子单位（lattice unit）。格子单位和物理单位之间有对应的转换关系。

流体粒子的演化可以分解为碰撞和迁移两个过程。

碰撞过程：

$$f_\alpha^+(\boldsymbol{r}, \ t) - f_\alpha(\boldsymbol{r}, \ t) = -\frac{1}{\tau}\left[f_\alpha(\boldsymbol{r}, \ t) - f_\alpha^{\text{eq}}(\boldsymbol{r}, \ t)\right] \tag{5-4}$$

迁移过程：

$$f_\alpha(\boldsymbol{r} + \boldsymbol{e}_\alpha\delta_t, \ t + \delta_t) = f_\alpha^+(\boldsymbol{r}, \ t) \tag{5-5}$$

位于同一网格点上的流体粒子相互碰撞，遵循式（5-4）。重新分配不同离散速度方向上的分布函数后；随后，不同速度方向上的粒子做迁移运动，见式（5-5），一个时间步长后运动至 $\boldsymbol{r} + \boldsymbol{e}_\alpha\delta_t$，并进入下一轮的演化过程。

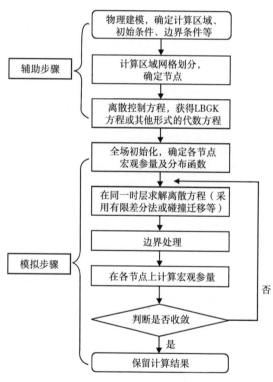

图 5-3　采用格子 Boltzmann 方法
模拟求解的基本流程

这就是以格子 Boltzmann-BGK 方法为基础的流体流动模型的建立与求解机制。图 5-3 将流体流动的模型建立与求解以流程图的形式表现出来。整个流程可分为两大步：辅助步骤和求解步骤。其中辅助步骤完成建立模型、划分网格和离散控制方程等工作。求解步骤主要分为初始化、碰撞迁移、边界处理、判断收敛和数据输出 5 个部分，其中碰撞迁移是整个模拟研究的核心，判断收敛是模拟研究中的必要步骤，如果在某一时间步，模拟未能收敛，则继续进行迭代直到收敛为止。

以上对致密油储层岩石单相流模型的建立和求解机制是在格子 Boltzmann 方法的基本模型 BGK 模型的基础上进行的，对单相流的模拟，其他还可采用不可压（IncBGK）模型和多弛豫时间（MRT）模型，模型求解的基本机制和基本流程不变，只是演化方程中的基本方法变了。

二、两相流体流动格子 Boltzmann 模拟的基本方法

储层岩石流体流动的两相流模型建立机制与单相流模型建立机制不同之处主要在于两相流体的相互作用。本研究中研究两相流主要采用的是格子 Boltzmann 方法中的伪势模型。以简单二维方形流场两相流体流动为例来解释两相流模型的建立机制，如图 5-4 所示。

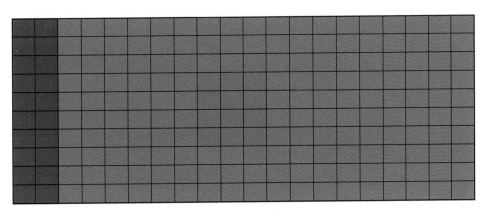

图 5-4　两相方形流场网格划分示意图

在两相流体流动的模型示意图中，方形流场区域被划分为长 20、高 10 的系列网格。两相流模型和初始条件与单相流模型不同：单相流模型中，初始时刻流场中分布单一相的流体，各个网格点上的流体密度值相同，通过添加速度/压力边界条件或外力使流场中的流体开始流动；而在两相流模型中，由于存在两相流体，且这两相流体是由不同的流体粒子组成的物质，因此在流场中所有的网格点上既存在第一相流体又存在第二相流体。

以图 5-4 中的两相流体流动为例，驱替相初始时刻的分布为红色，被驱替相初始时刻的分布为蓝色，灰色为固体区域。在红色区域，驱替相是主要表现出来的流体，被驱替相是隐藏的流体，驱替相的密度远大于被驱替相的密度，因此红色区域中，驱替相为主导相，其密度为主导密度，被驱替相为溶解相，其密度为溶解密度。反之，在蓝色区域，驱替相的密度为溶解密度，被驱替相的密度为主导密度。每一个网格点上的总密度值为两相密度之和。

设置好初始条件后，为流场设置边界条件或驱动力，流场中驱替相就能够推动被驱替相走向出口。驱替相和被驱替相之间存在相互作用，以流体间相互作用强度参数 G 来表示两相相互作用的强弱；两相流体与固体壁面之间同样存在相互作用，以流固相互作用强度 G_{ads} 表示，其意义在于表征流体对固体是否润湿。

两相流体在流场中的运动均按照各自的密度分布函数演化方程进行，只是在两相的交界面上，两相流体存在相互作用（其他区域中也存在，只不过由于一相流体的密度为溶解密度而导致两相相互作用极弱而不予考虑）。两相流体的碰撞和迁移与单相流模型一致，碰撞只发生在网格点上，并沿网格线进行迁移。

第三节　单相流体流动的格子 Boltzmann 模型

一、单相流体流动的二维格子 Boltzmann—BGK 模型

一个完整的格子 Boltzmann 模型通常由三部分组成：格子，即离散速度模型；平衡态分布函数；分布函数的演化方程。在二维和三维情况下，离散速度模型和平衡态分布函数具有不同的形式。

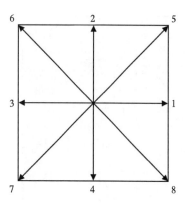

图 5-5　D2Q9 离散速度模型

构造格子 Boltzmann 模型的关键是选择合适的平衡态分布函数，而平衡态分布函数的具体形式又与离散速度模型的构造有关。离散速度的对称性决定了相应的格子 Boltzmann 模型能否还原到所要求解的宏观方程。因此，离散速度模型的构造就显得至关重要。在二维情况下，常用的离散速度模型是 D2Q9 模型（2维空间，9 个离散速度）。D2Q9 速度模型示意图如图 5-5 所示。

对于一个二维流场，其网格的划分按照 D2Q9 离散速度模型。D2Q9 速度模型共有 9 个速度方向，假设一群粒子处于 D2Q9 模型的正中心点上，那么下一时刻所有粒子将按一定概率沿 9 个方向运动。D2Q9 模型的速度配置如下：

$$e_\alpha = \begin{cases} (0,\ 0) & \alpha = 0 \\ c\left(\cos\left[(\alpha-1)\dfrac{\pi}{2}\right],\ \sin\left[(\alpha-1)\dfrac{\pi}{2}\right]\right) & \alpha = 1,\ 2,\ 3,\ 4 \\ \sqrt{2}c\left(\cos\left[2\alpha-1\right]\dfrac{\pi}{4}\right],\ \sin\left[(2\alpha-1)\dfrac{\pi}{4}\right]\right) & \alpha = 5,\ 6,\ 7,\ 8 \end{cases} \tag{5-6}$$

式中，$c=\delta_x/\delta_t$，δ_x 和 δ_t 分别为网格步长和时间步长，且通常 x 和 y 方向的网格步长相同。

在模型中，流体在初始状态和流动稳定后会达到平衡态，流体在运动时网格点上的流体量以密度分布函数 f_α 表示。流体的密度分布函数可以表示为平衡态分布函数 f_α^{eq} 和非平衡态分布函数 f_α^{neq} 的和：

$$f_\alpha = f_\alpha^{eq} + f_\alpha^{neq} \tag{5-7}$$

在遵循质量守恒、动量守恒和能量守恒的条件下，流体的密度分布函数 f_α 遵循格子 Boltzmann-BGK 方程：

$$f_\alpha(\boldsymbol{r}+\boldsymbol{e}_\alpha\delta_t,\ t+\delta_t) - f_\alpha(\boldsymbol{r},\ t) = -\frac{1}{\tau}\left[f_\alpha(\boldsymbol{r},\ t) - f_\alpha^{eq}(\boldsymbol{r},\ t)\right] + \delta_t F_\alpha(\boldsymbol{r},\ t) \tag{5-8}$$

上式是模型含外力项时的分布函数的演化方程，其中 τ 是弛豫时间。流体的演化过程是一个弛豫过程，是一个从不稳定状态到稳定状态的过程。在不包含外力项时，流体密度分布函数的演化方程为：

$$f_\alpha(\boldsymbol{r}+\boldsymbol{e}_\alpha\delta_t,\ t+\delta_t) - f_\alpha(\boldsymbol{r},\ t) = -\frac{1}{\tau}\left[f_\alpha(\boldsymbol{r},\ t) - f_\alpha^{eq}(\boldsymbol{r},\ t)\right] \tag{5-9}$$

流体在每一时步达到平衡态时，流体密度的平衡态分布函数 f_α^{eq} 表示为：

$$f_\alpha^{eq} = \rho\omega_a\left[1 + \frac{\boldsymbol{e}_\alpha \cdot \boldsymbol{u}}{c_s^2} + \frac{(\boldsymbol{e}_\alpha \cdot \boldsymbol{u})^2}{2c_s^4} - \frac{u^2}{2c_s^2}\right] \tag{5-10}$$

式中，ρ 为流体在每一网格点上的密度；$\boldsymbol{u}$ 为每一网格点上的流体速度；ω_α 是离散速度模型的权重系数；c_s 是格子声速，对于 D2Q9 模型，其值取为：

$$\omega_0 = 4/9, \omega_{1,2,3,4} = 1/9, \omega_{5,6,7,8} = 1/36, c_s^2 = c^2/3 \tag{5-11}$$

三维模型和二维模型的不同之处主要在于离散速度模型，三维离散速度模型主要是 D3Q19 模型，其示意图如图 5-6 所示。

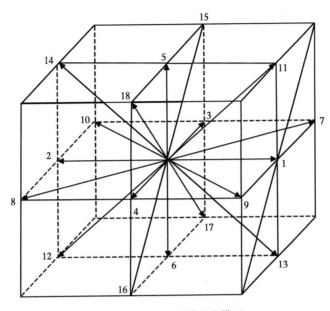

图 5-6　D3Q19 离散速度模型

D3Q19 模型有 19 个方向的离散速度，用格子速度 c 表示为：

$$c = \left[c_i \right] =$$

$$c \begin{bmatrix} 0 & 1 & -1 & 0 & 0 & 0 & 0 & 1 & -1 & 1 & -1 & 1 & -1 & -1 & 1 & 0 & 0 & 0 & 0 \\ 0 & 0 & 0 & 1 & -1 & 0 & 0 & 1 & -1 & -1 & 1 & 0 & 0 & 0 & 0 & 1 & -1 & 1 & -1 \\ 0 & 0 & 0 & 0 & 0 & 1 & -1 & 0 & 0 & 0 & 0 & 1 & -1 & 1 & -1 & 1 & -1 & -1 & 1 \end{bmatrix}$$

$$\tag{5-12}$$

以正方体中心为（0，0，0）点，正方体边长的一半为 1 个单位长度。三维模型中的密度分布函数演化方程与平衡态分布函数与二维情况一致，平衡态分布函数中的权系数为：

$$\omega_0 = 1/3, \quad \omega_{1-6} = 1/9, \quad \omega_{7-18} = 1/36 \tag{5-13}$$

二、单相流体流动的格子 Boltzmann—IncBGK 模型

格子 Boltzmann—IncBGK 模型是不可压缩的格子 Boltzmann 模型，由 He-Luo 提出。模型的基本思想是在平衡态分布函数中消除由于密度变化引起的高阶马赫数项。在模型中，独立的动力学变量是压力 p，而不是密度 ρ。对于不可压缩流体来说，流体密度 ρ 可分解为 $\rho = \rho_0 + \delta\rho$，其中 $\delta\rho$ 为密度的波动。

在格子 Boltzmann—IncBGK 模型的平衡态分布函数中略去高阶马赫项，可得其平衡态分布函数为：

$$f_\alpha^{eq} = \omega_a \left[\rho + \rho_0 \left(\frac{\boldsymbol{e}_\alpha \cdot \boldsymbol{u}}{c_s^2} + \frac{(\boldsymbol{e}_\alpha \cdot \boldsymbol{u})^2}{2c_s^4} - \frac{u^2}{2c_s^2} \right) \right] \tag{5-14}$$

由于不可压格子 Boltzmann 模型使用压力作为一个独立变量，因此引入一个压力分布函数 $p_\alpha = c_s^2 f_\alpha$ 及其相应的平衡态分布函数：

$$p_\alpha^{eq} = c_s^2 f_\alpha^{eq} = \omega_a \left[p + p_0 \left(\frac{\boldsymbol{e}_\alpha \cdot \boldsymbol{u}}{c_s^2} + \frac{(\boldsymbol{e}_\alpha \cdot \boldsymbol{u})^2}{2c_s^4} - \frac{u^2}{2c_s^2} \right) \right] \tag{5-15}$$

其中 $p = c_s^2 \rho$，$p_0 = c_s^2 \rho_0$。由 f_α 的演化方程可得 p_α 的演化方程为：

$$p_\alpha(\boldsymbol{r} + \boldsymbol{e}_\alpha \delta_t,\ t + \delta_t) - p_\alpha(\boldsymbol{r},\ t) = -\frac{1}{\tau} \left[p_\alpha(\boldsymbol{r},\ t) - p_\alpha^{eq}(\boldsymbol{r},\ t) \right] \tag{5-16}$$

三、单相流体流动的格子 Boltzmann—MRT 模型

格子 Boltzmann—MRT 模型是多弛豫时间的格子 Boltzmann 模型，与 BGK 模型的单一弛豫时间不同，MRT 模型采用多个独立的弛豫时间，且常用矩阵形式表示。Lallemand 和 Luo 提出了二维的 MRT 模型，对于图 5-5 所示的 D2Q9 离散速度模型，采用如下矩形式表示各个参量，即：

$$|p> = (1,\ 1,\ 1,\ 1,\ 1,\ 1,\ 1,\ 1,\ 1)^T \tag{5-17a}$$

$$|e> = (-4,\ -1,\ -1,\ -1,\ -1,\ 2,\ 2,\ 2,\ 2)^T \tag{5-17b}$$

$$|\varepsilon> = (4,\ 2,\ 2,\ 2,\ 2,\ 1,\ 1,\ 1,\ 1)^T \tag{5-17c}$$

$$|j_x> = (0,\ 1,\ 0,\ -1,\ 0,\ 1,\ -1,\ -1,\ 1)^T \tag{5-17d}$$

$$|q_x> = (0,\ -2,\ 0,\ 2,\ 0,\ 1,\ -1,\ -1,\ 1)^T \tag{5-17e}$$

$$|j_y> = (0,\ 0,\ 1,\ 0,\ -1,\ 1,\ 1,\ -1,\ -1)^T \tag{5-17f}$$

$$|q_y> = (0,\ 0,\ -2,\ 0,\ 2,\ 1,\ 1,\ -1,\ -1)^T \tag{5-17g}$$

$$|p_{xx}> = (0,\ 1,\ -1,\ 1,\ -1,\ 0,\ 0,\ 0,\ 0)^T \tag{5-17h}$$

$$|p_{xy}> = (0,\ 0,\ 0,\ 0,\ 0,\ 1,\ -1,\ 1,\ -1)^T \tag{5-17i}$$

上述 9 个向量在速度空间 $v = R^9$ 有各自显式的物理意义：$|\rho>$ 是密度，$|e>$ 是能量，$|\varepsilon>$ 是能量的平方，$|j_x>$ 和 $|j_y>$ 对应 x 方向和 y 方向的质量流量，$|q_x>$ 和 $|q_y>$ 对应 x 方向和 y 方向的能量流量，$|p_{xx}>$ 和 $|p_{xy}>$ 对应应力张量的对角部分和非对角部分。分布函数 f_α 在速度空间和矩空间 $M = R^9$ 分别以 $|f>$ 和 $|m>$ 的形式表示为：

$$|f> = (f_0, f_1, f_2, f_3, f_4, f_5, f_6, f_7, f_8)^T \tag{5-18a}$$

$$|m> = (p, e, \varepsilon, j_x, q_x, j_y, q_y, p_{xx}, p_{xy})^T \tag{5-18b}$$

两种形式通过转换矩阵 $\boldsymbol{M}$ 进行转换，即：

$$|m> = \boldsymbol{M} \cdot |f> \tag{5-19}$$

对于 D2Q9 模型，M 的形式为：

$$\begin{pmatrix}
1 & 1 & 1 & 1 & 1 & 1 & 1 & 1 & 1 \\
-4 & -1 & -1 & -1 & -1 & 2 & 2 & 2 & 2 \\
4 & -2 & -2 & -2 & -2 & 1 & 1 & 1 & 1 \\
0 & 1 & 0 & -1 & 0 & 1 & -1 & -1 & 1 \\
0 & -2 & 0 & 2 & 0 & 1 & -1 & -1 & 1 \\
0 & 0 & 1 & 0 & -1 & 1 & 1 & -1 & -1 \\
0 & 0 & -2 & 0 & 2 & 1 & 1 & -1 & -1 \\
0 & 1 & -1 & 1 & -1 & 0 & 0 & 0 & 0 \\
0 & 0 & 0 & 0 & 0 & 1 & -1 & 1 & -1
\end{pmatrix} \tag{5-20}$$

格子 Boltzmann—MRT 模型的分布函数演化方程为：

$$f(\boldsymbol{r} + \boldsymbol{e}_\alpha \delta_t,\ t + \delta_t) - f(\boldsymbol{r},\ t) = -\boldsymbol{M}^{-1}\boldsymbol{S}\big[m(\boldsymbol{r},\ t) - m^{\mathrm{eq}}(\boldsymbol{r},\ t)\big] \tag{5-21}$$

其中 m^{eq} 是矩空间的平衡态分布函数，$\boldsymbol{S}$ 是弛豫矩阵，即：

$$\boldsymbol{S} = \mathrm{diag}(0,\ s_e,\ s_\varepsilon,\ 0,\ s_q,\ 0,\ s_q,\ s_v,\ s_v) \tag{5-22}$$

以上是二维情况下 D2Q9 离散速度模型 MRT 模型，三维情况下公式稍微复杂。对于图 5-2 所显示的 D3Q19 模型，其变换矩阵非常复杂，这里给出分布函数在矩空间的表示形式为：

$$|m> = (\rho, e, \varepsilon, j_x, q_x, j_y, q_y, j_z, q_z, 3p_{xx}, 3\pi_{xx}, p_{ww}, \pi_{ww}, p_{xy}, p_{yz}, p_{xz}, m_x, m_y, m_z)^\mathrm{T} \tag{5-23}$$

对应的弛豫矩阵（松弛因子）$\boldsymbol{S}$ 为：

$$\boldsymbol{S} = \mathrm{diag}(0, s_e, s_\varepsilon, 0, s_q, 0, s_q, 0, s_q, s_v, s_\pi, s_v, s_\pi, s_v, s_v, s_v, s_t, s_t, s_t) \tag{5-24}$$

四、单相流体流动三种格子 Boltzmann 模型的适用性分析

为了比较格子 Boltzmann—BGK、格子 Boltzmann—IncBGK 和格子 Boltzmann—MRT 三种模型用于单相流模拟的区别，采用一张二维岩心 CT 图片制作模型进行模拟。图 5-7 为二维岩心 CT 图片模型，采用三种单相流体模型进行模拟。表 5-1 为此二维岩心 CT 图片模型的参数统计。

图 5-7　二维岩心 CT 图片模型

表 5-1　岩心 CT 图片模型参数统计

参数		数值
长度，mm		1.02
高度，mm		0.408
配位数		1.96
孔隙半径，μm	最大值	40.33
	最小值	2.35
	平均值	16.09
喉道半径，μm	最大值	21.73
	最小值	2.17
	平均值	8.85

此切片模型的长、宽分别为 500 像素和 200 像素，分辨率为 2.04μm，平均孔隙半径和平均喉道半径分别为 16.09μm 和 8.85μm。图 5-8 为此模型的孔隙半径分布图和喉道半径分布图。

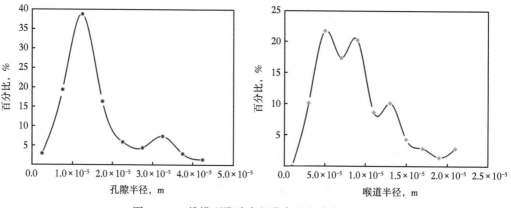

图 5-8　二维模型孔隙半径分布和喉道半径分布

分别采用格子 Boltzmann—BGK，Boltzmann—IncBGK 和 Boltzmann—MRT 模型对此岩心 CT 图片二维模型进行模拟，并考虑模拟中流场压力、流体流速和模拟渗透率的变化。在格子 Boltzmann—BGK 模型模拟中，流场相对压力如图 5-9 所示，从入口（左）到出口

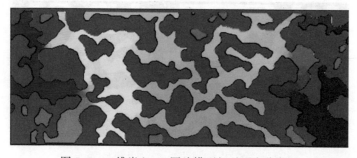

图 5-9　二维岩心 CT 图片模型相对压力分布图

（右）相对压力逐渐降低，在一些靠近上下边界的单开口孔隙中，流体压力在孔隙中的分布基本一致；在一些连通两个孔隙的喉道处，压力变化相对较大，而大孔隙中的压力变化相对较大。

　　图 5-10 是此模型的模拟的流线图和不同位置处的纵向速度分布。图 5-10（a）中，在一些单向开口的孔隙中会形成漩涡；喉道处流线较密集，流体流速大，孔隙中流线较稀疏，流体流速小。对照模型图和纵向速度分布曲线可以看出，流场在入口位置（$x=0$）上有两个流体进入的孔道，且由于流动情况的不同，靠近流场中线的孔道处流体流速较其上方入口流体流速更大；在 $x=250$ 位置上，存在三处连通的孔道，且三处孔道中流体流速相差不大；在出口位置上，流体经由三个开口流向场外，其中孔隙半径较大的开口流体流速大，孔隙半径较小的开口流体流速小。对此岩心 CT 图片模型进行模拟时，流场中流体流速在 10^{-5}m/s 量级左右，流场中的平均流速为 5.21×10^{-6}m/s，流场中入口和出口的压降为 0.43Pa，模拟测得此二维岩心 CT 图片模型的渗透率为 5.3D。

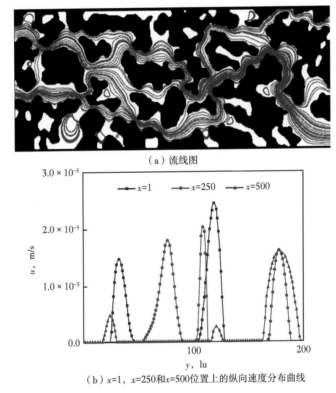

（a）流线图

（b）$x=1$，$x=250$ 和 $x=500$ 位置上的纵向速度分布曲线

图 5-10　模型流线图和速度分布图

　　采用格子 Boltzmann—MRT 模型和 Boltzmann—IncBGK 模型进行二维岩心 CT 图片的模拟。MRT 模型是格子 Boltzmann 方法中的多弛豫时间模型，根据其中参数取值的不同可以形成不同的形式。如表 5-2 所示，为式（5-22）中 4 参数取值不同时形成的 6 种 MRT 模型，表中 ω 为弛豫频率，模拟中 ω 分别取值 0.4，0.6，0.8，1.0，1.2，1.4，1.6 和 1.8。根据格子 Boltzmann 方法中弛豫频率和流体黏度的关系，改变弛豫频率就是改变流体黏度。而在 IncBGK 模型中，通过改变流体密度取值研究不同情况下的模拟渗透率变化。

表 5-2　不同参数取值时的 MRT 模型

模型	s_e	s_ε	s_q	s_v
MRT1	ω	ω	8（2−ω）/（8−ω）	ω
MRT2	ω	ω	1.92	ω
MRT3	1.63	1.14	8（2−ω）/（8−ω）	ω
MRT4	ω	1.14	8（2−ω）/（8−ω）	ω
MRT5	1.2	ω	8（2−ω）/（8−ω）	ω
MRT6	1.63	1.14	1.92	ω

　　图 5-11（a）和图 5-11（b）分别为不同黏度（弛豫频率）取值情况下的渗透率变化和不同密度取值情况下的渗透率变化。从图 5-11（a）中可以看出，在 BGK 模型、IncB-GK 模型及除 MRT1 模型外的其他 MRT 模型模拟中，模拟渗透率均会随着流体黏度的增大而增大，这与渗透率是储层岩石的本身属性相悖。图中模拟渗透率在 MRT1 模型模拟时不

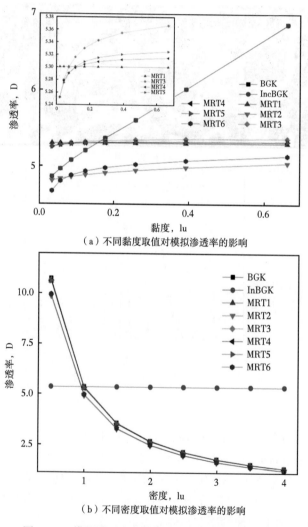

（a）不同黏度取值对模拟渗透率的影响

（b）不同密度取值对模拟渗透率的影响

图 5-11　模拟渗透率随流体黏度和流体密度的变化

会随着黏度的增大而变化，因此，在模拟不同流体黏度下的流体流动时，需要采用 MRT1模型。需指出的是，MRT1 模型是双弛豫时间模型。同样的，从图 5-11（b）中可以看出，BGK 模型和 MRT 模型模拟时，模拟渗透率会随着流体密度的增大而减小；而 IncBGK模型模拟时模拟渗透率不会随着流体密度的变化而变化。因此，在需要考虑不同流体密度的模拟中，采用 IncBGK 模型进行模拟是最好的选择。

第四节　基于数字岩心的油水两相流格子 Boltzmann 模型

格子 Boltzmann 方法能够常用来模拟多相流的模型主要有伪势模型、颜色模型和自由能模型，其中伪势模型又分为单组分多相模型和多组分多相模型。不同的组分指的是不同的物质，不同的相指的是具有不同物态或同一物态的不同物理性质或力学状态，如油和水、水蒸气和水。

通过查阅大量文献并做出对比与总结，三种模型各有其优缺点。颜色模型是最早提出的多相流模型，模型中的界面张力和黏度比可以独立调节，但是颜色模型并不适用于大密度比的多相流体系统。伪势模型又称 ShanChen 模型，可以方便地设置不同相的润湿性条件，而且对于多相系统能够自动显示相界面，模型模拟计算的效率高，最大的限制是计算界面张力时需要采用静态气泡测试进行模拟来确定。自由能模型虽然能够像颜色模型一样方便地设置界面张力，但其并不能直接设定两相的润湿性条件，而且模型难以实现，模拟计算的效率很低。采用伪势模型来模拟储层岩石的油水两相流。

一、两相流格子 Boltzmann 模拟的伪势模型

在伪势模型中，每一个流体组分都有自己的分布函数。每一个分布函数代表一个流体组分并满足如下的控制方程：

$$f_i^\sigma(\boldsymbol{r} + \boldsymbol{e}_i \Delta t, \ t + \Delta t) = f_i^\sigma(\boldsymbol{r}, \ t) - \frac{1}{\tau_\sigma}(f_i^\sigma(\boldsymbol{r}, \ t) - f_i^{\sigma,\mathrm{eq}}(\boldsymbol{r}, \ t)) \tag{5-25}$$

其中，f_i^σ 为 σ 组分的密度分布函数；i 为不同的离散速度方向；τ_σ 为 σ 组分的弛豫时间，通过弛豫时间可以确定流体组分的黏度 $v_\sigma = c_s^2 \ (\tau_\sigma - 0.5\Delta t)$；$f_i^{\sigma,\mathrm{eq}}$ 是 σ 组分的平衡态密度分布函数，与 BGK 模型中的平衡态分布函数不同：

$$f_i^{\sigma, \ \mathrm{eq}}(\boldsymbol{r}, \ t) = \omega_i \rho_\sigma \left[1 + \frac{\boldsymbol{e}_i \cdot \boldsymbol{u}_\sigma^{\mathrm{eq}}}{c_s^2} + \frac{(\boldsymbol{e}_i \cdot \boldsymbol{u}_\sigma^{\mathrm{eq}})^2}{2c_s^4} - \frac{\boldsymbol{u}_\sigma^{\mathrm{eq}2}}{2c_s^2} \right] \tag{5-26}$$

式（5-25）和式（5-26）中的 $\boldsymbol{e}_i$ 是离散速度，平衡态分布函数中的 $\boldsymbol{u}_\sigma^{\mathrm{eq}}$ 是组分的宏观速度：

$$\vec{u}_\sigma^{\mathrm{eq}} = \boldsymbol{u}' + \frac{\tau_\sigma \boldsymbol{F}_\sigma}{\rho_\sigma} \tag{5-27}$$

其中，$\boldsymbol{u}'$ 为所有组分的表观速度；$\boldsymbol{F}_\sigma$ 为 σ 组分受到的外力。在模型中，一个流体组分受到的外力包括其他组分流体对该流体的作用力（fluid-fluid cohesion）$\boldsymbol{F}_{c,\sigma}$，储层岩石固体介质对该组分的作用力（fluid-solid adhesion）$\boldsymbol{F}_{\mathrm{ads},\sigma}$ 以及模型的其他外力 $\boldsymbol{F}'_\sigma$：

$$u' = \frac{\sum_{\sigma}(\sum_i \frac{f_i^{\sigma} e_i}{\tau_{\sigma}})}{\sum_{\sigma} \frac{\rho_{\sigma}}{\tau_{\tau}}} \qquad (5-28)$$

$$F_{\sigma} = F_{c,\sigma} + F_{\text{ads},\sigma} + F'_{\sigma} \qquad (5-29)$$

组分的流体间相互作用力与流固相互作用力分别定义为：

$$F_{c,\sigma}(\boldsymbol{r}, t) = -G_c \rho_{\sigma}(\boldsymbol{r}, t) \sum_i \omega_i \rho_{\overline{\sigma}}(\boldsymbol{r} + \boldsymbol{e}_i \Delta t, t) \boldsymbol{e}_i \qquad (5-30)$$

$$F_{\text{ads},\sigma}(\boldsymbol{r}, t) = -G_{\text{ads},\sigma} \rho_{\sigma}(\boldsymbol{r}, t) \sum_i \omega_i s(\boldsymbol{r} + \boldsymbol{e}_i \Delta t) \boldsymbol{e}_i \qquad (5-31)$$

以两相系统为例，σ 和 $\overline{\sigma}$ 分别代表两组分的流体。s（$r+e_i\Delta t$）是表征固体网格的指标因子，当点（$r+e_i\Delta t$）为固体时，指标因子值为 1，反之为 0。G_c 是两组分的相互作用强度参数，一般情况下其值为正，表示两组分的流体分子间相互作用力为斥力。$G_{\text{ads},\sigma}$ 是 σ 流体组分与固体的相互作用强度参数，是决定流体润湿性和接触角的参数，当此参数值为正时，σ 流体组分对固体表现非润湿性，值为负时，σ 流体组分对固体表现润湿性。通过修改杨氏方程，可以通过式（5-32）计算流体组分的接触角，即

$$\cos\theta_1 = \frac{G_{\text{ads},2} - G_{\text{ads},1}}{G_c \frac{\rho_1 - \rho_2}{2}} \qquad (5-32)$$

表 5-3 是在 $G_c = 0.9$ 时，由式（5-32）计算的接触角和二维模拟中所得接触角的对比。从表中可以看出，接触角比较大时，计算结果与模拟结果更接近；接触角小时，模拟所得接触角准确度低。图 5-12 是模拟测量不同接触角的模型图。模型中的 G_c 和 $G_{\text{ads},\sigma}$ 取值在表 5-3 中给出。模拟区域大小为 200×100，8 幅图的初始条件相同：第一相流体为一个 41×20 的方形区域，其他区域充满第二相流体。初始模型经过 24000 时步的演化达到如图所示的 8 种状态，8 种状态只是 $G_{\text{ads},\sigma}$ 的值设置不同，如表 5-3 所示。

表 5-3　黏滞力参数与接触角（θ_1）（$G_c = 0.9$，$G_{\text{ads},1} = -G_{\text{ads},2}$）

图例	$G_{\text{ads},2}$	θ_1［式（5-8）计算］	θ_1（模拟计算）
（a）	-0.4	156.4	158.3
（b）	-0.3	133.4	135.1
（c）	-0.2	117.3	117.0
（d）	-0.1	103.2	103.2
（e）	0.1	76.8	75.3
（f）	0.2	62.7	59.5
（g）	0.3	46.6	40.6
（h）	0.4	23.6	18.9

二、格子 Boltzmann 模拟两相流的界面张力计算方法

界面是互不相溶的两相的接触面。当两相中有一相为气相时，称接触面为表面。对两

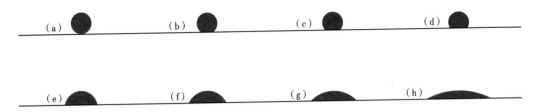

图 5-12　接触角模拟结果

相界面来说，界面张力是界面能的一种表示方法，并非在两相界面存在真实的"张力"。只有在三相周界上才有界面张力的存在，它是各两相界面界面能在三相周界的接触点相互"争夺"的结果。

　　两相流模拟的伪势模型无法像确定润湿性条件一样通过参数直接设置，而需要通过气泡或液滴测试来确定。模型中参数 G_c 控制两相界面张力，此参数存在一个临界值 $G_{c,\text{crit}} = 1/(\rho_1+\rho_2)$，当 C_c 小于此值时两相不混溶问题才会得到稳定解。图 5-13 显示了在气泡测试模拟中密度和界面张力随参数 G_c 的变化。从图中可以看出，当 $G_c\rho_i$ 值在 0 到 1.0 之间时，两相密度按比例缩小后都是 0.5；当 $G_c\rho_i$ 值大于 1.0 时，第一相流体的气泡密度变得越来越小；当 $G_c\rho_i$ 值大于 1.8 时，由于流体的压缩性第一相流体的密度会超过 1.0。

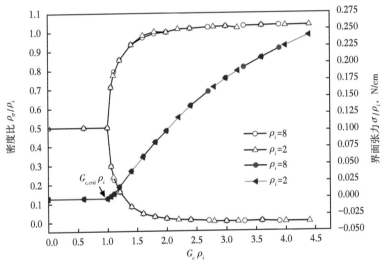

图 5-13　组分密度比和界面张力随两相相互作用强度参数 $G_c\rho_i$ 的变化

　　在气泡测试模拟中，位置 r^{v} 处的压力值通过下式确定：

$$p(\boldsymbol{r}) = \frac{\rho_1(\boldsymbol{r}) + \rho_2(\boldsymbol{r})}{3} + \frac{G_c\rho_1(\boldsymbol{r})\rho_2(\boldsymbol{r})}{3} \tag{5-33}$$

通过计算气泡或液滴内外的组分密度，界面张力 σ 可以通过拉普拉斯定律确定，即：

$$p(\boldsymbol{r}_{\text{inside}}) - p(\boldsymbol{r}_{\text{outside}}) = \frac{\sigma}{R} \tag{5-34}$$

式中，R 是气泡或液滴的半径。从图 5-13 中可以看出，在 $G_c\rho_i$ 值在 1.0 和 2.0 之间时，

界面张力 σ 和 $G_c\rho_i$ 近似呈线性关系。

在两相流模拟计算中，伪势模型中的两相相互作用强度参数 G_c 的取值需要格外关注。较大的 G_c 值会使两相流的模拟结果更好，可视化更清晰，因为它能增加两相界面的锐度，使界面更薄更细；而较小的 G_c 值能够增加模拟计算的稳定性，且减少流体的压缩性。从图 5-13 中可以看出，当 $1.6<G_c\rho_i<2.0$（或 $G_c\rho_i=1.8$）时，G_c 取值最为合理，效果最好。

三、格子 Boltzmann 模拟两相流的固—液润湿角计算方法

在致密油储层岩石两相流的 LBM 模拟研究中，两相间的相互作用和固体对流体的作用都会影响流体的流动特征和界面行为。在 PalaBos 库的最新发布版（2015.1.16）中，伪势模型只考虑流体相间的相互作用，没有流体相和固体相间的相互作用，因此需要研究流体相和固体相间相互作用的实现方法。

固体对流体的作用力表示为：

$$F_{\text{solid},\sigma} = -G_{\text{ads},\sigma}\psi_\sigma(r,\ t)\sum_i \omega_i s(r+e_i\Delta t,\ t)e_i \tag{5-35}$$

式中，$G_{\text{ads},\sigma}$（ads：adhesion）为固体对 σ 组分流体粒子的作用力强度；$s(r+e_i\Delta t,\ t)$ 为指标因子，当 $(r+e_i\Delta t,\ t)$ 所在点是固体网格点时，s 值为 1，反之为 0。

固体对第一相流体的润湿角可表示为：

$$\cos\theta_1 = \frac{G_{\text{ads},2}-G_{\text{ads},1}}{\dfrac{G_c(\rho_1-\rho_2)}{2}} \tag{5-36}$$

在两个参数 $G_{\text{ads},1}$ 和 $G_{\text{ads},2}$ 的取值中，两者总是互为相反数，即模拟中固体对其中一相流体表现润湿性，对另一相流体表现非润湿性，且固体两相流体的润湿角和为 180°。需要说明的是，只有当有效质量 ψ_σ 取密度本身时，才能够采用式（5-36）计算润湿角。

在 PalaBos 库中，伪势模型处理流体相间的相互作用的代码位于 src-multiPhysics 中的 shanChenProcessor2D.h 和 shanChenProcessor2D.hh 文件中，h 文件中是类和函数的声明，hh 文件中是函数的定义，需要在对应函数中将式（5-35）添加进去，来实现流体相和固体相之间的相互作用。因此，通过 C++语言编写了处理流体和固体相互作用的程序。为了验证处理程序的正确性，采用液滴模型，对比不同参数取值下接触角的式（5-36）理论计算结果和处理程序的模拟计算结果。

图 5-14　液滴模型初始状态

图 5-14 为初始状态的液滴模型，图中蓝色为一相流体，红色为另一相流体，左右边界采用周期性边界，上下边界为固体。模拟中两相流体间相互作用强度 $G_c=1.5$，主导密度和溶解密度分别取值 1.0 和 0.06。由于固相对两相流体的作用参数 $G_{\text{ads}1}$ 和 $G_{\text{ads}2}$ 互为相反数，因此下面数据中只给出前者的取值。图 5-15 给出了 $G_{\text{ads}1}$ 分别取值 0.3，0.2，0.1，0，-0.1，

-0.2 和-0.3 时状态图。

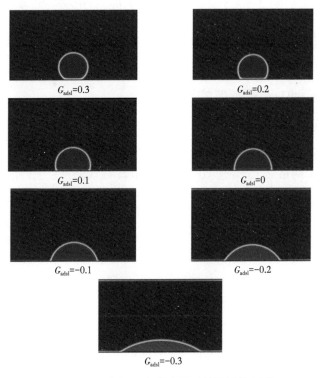

图 5-15　不同 G_{ads} 参数取值下的模拟状态图

图 5-16 为液滴模拟和由式（5-36）计算的接触角随流固相互作用强度参数 G_{ads} 的变化曲线。从图 5-16 中可以看出，两种方法得到的接触角基本吻合，证明了所编写的处理程序计算接触角的可行性与正确性。

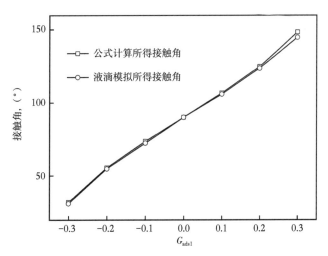

图 5-16　模拟计算与公式计算接触角随 G_{ads1} 变化的对比

第五节 基于数字岩心的流体流动的宏观参量计算

在数字岩心流体流动模型中，涉及的宏观量主要有流体密度，流体速度和流场压力。对单相流系统和多相流系统，密度、速度和压力的计算方法不同。

一、单相流模型中宏观参量的确定

1. 单相流 BGK 模型宏观量计算

对单相流体的格子 Boltzmann—BGK 模型来说，f_α 表示的是每一个网格点上的流体密度分布函数，每一个网格点上的密度分布函数的和即为该网格点上的流体密度：

$$\sum_\alpha f_\alpha(\boldsymbol{r}) = p \tag{5-37}$$

在格子 Boltzmann—BGK 模型中，压力和密度直接相关。从量纲角度分析，密度的量纲为 kg/m³，压力的量纲为（kg·m/s²）/m²，两者相差一个（m/s）²，由此可以推出 BGK 模型中压力和密度的关系为：

$$p = pc_s^2 \tag{5-38}$$

根据动量相等的原则，网格点上的流体动量从微观角度计算和从宏观角度计算应相等，即：

$$\sum_\alpha \boldsymbol{e}_\alpha f_\alpha(\boldsymbol{r}) = \rho \boldsymbol{u} \tag{5-39}$$

故网格点上的流体速度可表示为：

$$\boldsymbol{u} = \sum_\alpha \boldsymbol{e}_\alpha f_\alpha(\boldsymbol{r}) / \rho \tag{5-40}$$

2. 单相流 IncBGK 模型宏观量计算

对单相流体流动的格子 Boltzmann—IncBGK 模型来说，由于不可压 Navier—Stokes 方程组使用压力作为一个独立变量，压力的变化采用压力分布函数来表示，因此流体的宏观压力可以表示为：

$$p = \sum_\alpha \rho_\alpha \tag{5-41}$$

因此，计算流体速度的式（5-39）中的流体密度分布函数应更换为流体压力分布函数，即可得到流体流速：

$$\sum_\alpha \boldsymbol{e}_\alpha \rho_\alpha(\boldsymbol{r}) = \rho_0 \boldsymbol{u} \tag{5-42}$$

对于单相流体流动的格子 Boltzmann—MRT 模型，其宏观参量密度、压力和速度的计算与 BGK 模型计算方法相同。

二、多相流伪势模型中宏观参量的确定

在伪势模型中，由于存在多相流体，每一相流体都存在其流速和压力。以两相流体为

例来进行说明。式（5-26）中的流体速度是指流体的平衡态速度，它通过流体的表观速度和外力项的和得到，而每一相流体的速度 $\boldsymbol{u}_\sigma$ 和 $\boldsymbol{u}_{\bar{\sigma}}$ 并未给出。

由于分布函数演化方程中的自变量是流体密度分布函数，因此每一相流体的密度可以表示为：

$$\rho_\sigma = \sum_i f_i^\sigma \tag{5-43}$$

每一个网格点上流体的总密度可以表示为每一相流体密度的和：

$$\rho = \sum_\sigma \rho_\sigma \tag{5-44}$$

得到每一相流体和流场的总密度后，可以根据宏观状态和微观状态的流体动量相等进而得到每一相流体的流速 $\boldsymbol{u}_\sigma$ 和 $\boldsymbol{u}_{\bar{\sigma}}$ 与流场速度。

在多相流模型中流场压力不再按式（5-38）计算，它和流体间相互作用强度直接相关。二维情况下以 D2Q9 速度模型为例，在离散速度方向，流体间相互作用强度值可以取为：

$$G_c = \begin{cases} G, & |\boldsymbol{e}_i| = c \\ G/4, & |\boldsymbol{e}_i| = \sqrt{2}c \\ 0, & |\boldsymbol{e}_i| = 0 \end{cases} \tag{5-45}$$

流场的总压力可以表示为：

$$p = c_s^2 \rho + \frac{3}{2}c^2 \sum_{\sigma\bar{\sigma}} G \rho_\sigma \rho_{\bar{\sigma}} \tag{5-46}$$

三维情况（D3Q19）下的流体间相互作用参数和流场总压力表示为：

$$G_c = \begin{cases} 2G, & |\boldsymbol{e}_i| = c \\ G, & |\boldsymbol{e}_i| = \sqrt{2}c \\ 0, & |\boldsymbol{e}_i| = 0 \end{cases} \tag{5-47}$$

$$p = c_s^2 \rho + 6c^2 \sum_{\sigma\bar{\sigma}} G \rho_\sigma \rho_{\bar{\sigma}} \tag{5-48}$$

从压力的计算公式中也可看出，流体间相互作用强度 G_c 的量纲和 $1/\rho$ 的量纲一致。

第六节　基于数字岩心的流体流动边界处理方法

对应流动和传热问题，边界条件起着重要的作用。边界问题是格子 Boltzmann 方法实施中非常关键的一项内容，它会对数值计算的精度、计算的稳定性以及计算效率产生很大的影响。在使用格子 Boltzmann 方法进行模拟计算时，在每个时步之后，内部流场节点上的分布函数均已获得，但边界节点上的部分分布函数是未知的，只有确定完边界节点上的分布函数之后，才能进行下一时步的计算。

格子 Boltzmann 方法中的边界处理格式多种多样，根据边界处理格式的特性可以划分为四大类：启发式格式、动力学格式、外推格式以及其他复杂边界处理格式。启发式格式主要根据边界上诸如周期性、对称性、充分发展等宏观物理特性，通过管理粒子的运动规则直接确定边界节点上的未知分布函数，与其他三种格式相比，这种格式不需要复杂的数学推导和公式求解；动力学格式主要利用边界上宏观物理量的定义，直接求解边界节点上的未知分布函数的方程组为：

$$\sum_{\alpha} f_{\alpha} = \rho, \quad \sum_{\alpha} \boldsymbol{e}_{\alpha} f_{\alpha} = \rho \boldsymbol{u}$$

以获得边界节点上待定的分布函数；外推格式顾名思义，是利用边界之外的网格点来确定边界上未知的分布函数和物理量，由于格子 Boltzmann 方程是一种特殊的差分形式（即空间上采用一阶迎风格式，时间上采用一阶向前格式），因此借鉴传统流体力学方法中的边界处理方法提出了外推格式；复杂边界处理格式主要用于处理曲线边界、移动边界等复杂边界，不用于本研究中。表 5-4 是四类边界处理格式所包含的具体格式。

表 5-4　格子 Boltzmann 方法边界处理格式

		周期性边界处理格式
格子 Boltzmann 方法 边界处理格式	启发式格式	对称边界处理格式
		充分发展边界处理格式
		反弹格式
		镜面反射格式
		反弹和镜面反射混合格式
	动力学格式	Nobel 格式
		非平衡态反弹格式
		反滑移格式
		质量修正格式
	外推格式	Chen 格式
		非平衡态外推格式
	复杂边界 处理格式	Filippova 和 Hanel 格式
		Bouzidi 格式
		Lallemand 和 Luo 格式
		Guo 格式

在单相流和两相流的模型中，主要采用的边界处理格式是反弹格式、周期性边界处理格式、充分发展边界处理格式、非平衡态反弹格式和非平衡态外推格式。以 D2Q9 离散速度模型为基础，对研究中的主要边界格式进行解释。

一、周期性边界处理格式

数值模拟时，如果流场在空间呈现周期性变化或在某个方向无穷大，则常常将周期性单元去除作为模拟区域，并在相应边界上采用周期性边界。其处理格式是指：当流体粒子从一侧边界离开流场时，在下一个时步就会从流场的另一侧边界进入流场。

以图 5-17 中所示的两块无限大平板间流体流动为例，其中实心圆圈表示流体节点，空心圆圈表示需要增加的虚拟流体节点。流场在 x 方向上无穷大，因此需要在 x 方向上增加两层网格 $\{i=0; j=1, \cdots, N_j\}$ 和 $\{i=N_x+1; j=1, \cdots, N_j\}$，代表虚拟流体节点。周期性边界处理格式可以表示为：

$$f_{1,5,8}(0, j) = f_{1,5,8}(N_x, j) \tag{5-49}$$

$$f_{3,6,7}(N_x + 1, j) = f_{3,6,7}(1, j) \tag{5-50}$$

式中，$f_{1,5,8}(0, j) = f_{1,5,8}(N_{x,j})$ 表示虚拟流体节点 $(0, j)$ 上的分布函数 f_1，f_5 和 f_8 分别与流体节点 (N_x, j) 上的分布函数 f_1，f_5 和 f_8 相等。

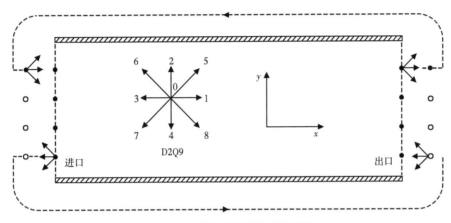

图 5-17 周期性边界处理示意图

二、充分发展边界处理格式

当流体在通道内流动达到充分发展后，密度与速度等物理量在主流方向上不再发生变化，即它们的空间导数为 0。同样以图 5-17 为例，出口边界上未知的 3 个分布函数 f_3，f_6 和 f_7 可以近似认为等于内层流体节点相应方向上的分布函数，其数学形式表示为：

$$f_{3,6,7}(N_x, j) = f_{3,6,7}(N_x - 1, j) \tag{5-51}$$

这是格子 Boltzmann 方法中用于处理充分发展边界最简单和常用的方法。

同时，速度更新法也常用于充分发展边界的处理。首先采用速度边界更新方法，获得出口边界上的速度：

$$\boldsymbol{u}(N_x, j) = \boldsymbol{u}(N_x - 1, j) \tag{5-52}$$

然后，假设边界上未知的 f_3，f_6 和 f_7 满足此流动条件下的平衡态分布：

$$f_{3,6,7}(N_x, j) = F_{\text{eq}3,6,7}(\rho(N_x, j), \boldsymbol{u}(N_x, j)) \tag{5-53}$$

式中，F_{eq} 表示平衡态分布函数的计算公式。

三、反弹格式

对于静止固体边界，常用的处理方法是对边界上的粒子作弹回处理，称为标准反弹格式。标准反弹格式是处理多孔介质内边界最常用的边界格式，使用反弹格式不仅能够直观地展现流体粒子和固体之间的碰撞作用力，还能够保证流体粒子在固体界面不发生滑移，因此反弹格式又被称为无滑移边界条件。

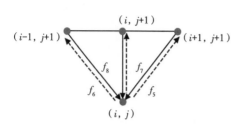

图 5-18　反弹格式示意图

如图 5-18 所示，流体节点 (i, j) 是靠近固体壁面的一个节点，自 (i, j) 入射（迁移）到边界节点 $(i-1, j+1)$ 的分布函数 f_6，不发生碰撞即沿原路弹回，由此可获得节点 (i, j) 上的分布函数 f_8。类似的，流体节点 (i, j) 上的未知分布函数 f_4 和 f_7 也可由此确定。因此，有标准反弹格式：

$$f_{4,7,8}(i, j) = f_{2,5,6}(i, j) \tag{5-54}$$

反弹格式和镜面反射格式是两种形式对称边界处理格式，两种处理格式混合便成为反弹与镜面反射混合格式。镜面反射格式和混合格式常用于气体流动中的滑移边界处理。

四、非平衡态反弹格式

非平衡态反弹格式常用于入口边界、出口边界速度和压力的处理。根据已知宏观量这种格式可以分为两种情况：已知速度求解压力或密度及未知分布函数；已知压力或密度求解速度及未知分布函数。前者称为速度边界，后者成为压力边界。

如图 5-19 所示，以左边界入口边界为例。2, 0, 4 位于固体边界上，6, 3, 7 位于非流体区域，5, 1, 8 位于流体区域内。当每一个迁移步完成后，在边界节点 O 处，分布函数 $f_0, f_2, f_4, f_3, f_6, f_7$ 是已知的，分布函数 f_1, f_5, f_6 是未知的。

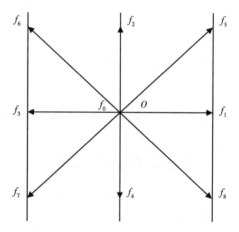

图 5-19　非平衡态反弹格式示意图

若已知流固边界上的流体速度（即此时为速度边界），根据质量守恒和动量守恒式（5-49），可得如下方程组：

$$f_1 + f_5 + f_8 = \rho_{in} - (f_0 + f_2 + f_3 + f_4 + f_6 + f_7) \tag{5-55}$$

$$f_1 + f_5 + f_8 = \rho_{in} u_x + (f_3 + f_6 + f_7) \tag{5-56}$$

$$f_5 - f_8 = -f_2 + f_4 - f_6 + f_7 \tag{5-57}$$

以上 3 个方程联立可得入口边界节点上的流体密度为：

$$\rho_{in} = [f_0 + f_2 + f_4 + 2(f_3 + f_6 + f_7)] / (1 - u_x) \tag{5-58}$$

以上有 4 个未知数 f_1, f_5, f_6 和密度，却只有三个方程组。为了得到 3 个未知的分布函数，假设在边界垂直方向上，反弹格式对分布函数的非平衡态部分依然成立，即：

$$f_1 - f_1^{\mathrm{eq}} = f_3 - f_3^{\mathrm{eq}} \qquad (5\text{-}59)$$

联立以上 5 个方程组，可得边界节点 O 上所有的未知分布函数：

$$f_1 = f_3 + \frac{2}{3}\rho_{\mathrm{in}}u_x \qquad (5\text{-}60)$$

$$f_5 = f_7 + \frac{1}{2}(f_2 - f_4) + \frac{1}{6}\rho_{\mathrm{in}}u_x \qquad (5\text{-}61)$$

$$f_8 = f_6 + \frac{1}{2}(f_2 - f_4) + \frac{1}{6}\rho_{\mathrm{in}}u_x \qquad (5\text{-}62)$$

同理，若已知流固边界上的流体密度（即此时为压力边界），也可求得边界节点 O 上所有的未知量。若将非平衡态反弹格式应用于上下边界或出口右边界，则未知宏观量和分布函数的也可这样求取。

五、非平衡态外推格式

非平衡态外推格式是将非平衡态反弹格式和外推格式结合起来的一种新的边界处理格式，其基本思想是：将边界节点上的分布函数分解为平衡态和非平衡态两部分，其中平衡态部分由边界条件的定义近似获得，而非平衡部分则由非平衡外推确定。

同样以图 5-19 所示的左边界为例，在每次碰撞前，需要知道边界节点 O 上的分布函数 $f_\alpha(O, t)$，将 O 点分布函数分解为平衡态和非平衡态两部分，即：

$$f_\alpha(O, t) = f_\alpha^{\mathrm{eq}}(O, t) + f_\alpha^{\mathrm{neq}}(O, t) \qquad (5\text{-}63)$$

对于平衡态部分 $f_\alpha^{\mathrm{eq}}(O, t)$，可用边界节点上的宏观物理量求得，如果 O 点存在未知的宏观物理量，则用流体区域 1 点的宏观物理量代替。以速度边界条件为例，已知 O 点的速度 $\boldsymbol{u}(O, t)$，而其密度值 $\rho(O, t)$ 未知，则 O 点的平衡态分布函数由下式近似获得：

$$f_\alpha^{\mathrm{eq}}(O, t) = F_{\mathrm{cq}}(\rho(1, \mathrm{t})\boldsymbol{u}(O, t)) \qquad (5\text{-}64)$$

对于非平衡态部分 $f_\alpha^{\mathrm{neq}}(O, t)$，由于流体节点 1 上的分布函数，宏观物理量速度、密度等均已知，由此可以计算出 1 点的非平衡态分布函数为：

$$f_\alpha^{\mathrm{neq}}(1, t) = f_\alpha(1, t) - F_{\mathrm{eq}}(p(1, t), \boldsymbol{u}(1, t)) \qquad (5\text{-}65)$$

同时，考虑到 O、1 两点的非平衡态分布函数具有如下关系：

$$f_\alpha^{\mathrm{neq}}(1, t) = f_\alpha^{\mathrm{neq}}(O, t) + O(\delta_x^2) \qquad (5\text{-}66)$$

由此，可以用 1 点的非平衡态部分代替 O 点的非平衡态部分。

综上所述，O 点的分布函数可用下式近似获得：

$$f_\alpha(O, t) = f_\alpha^{\mathrm{eq}}(O, t) + [f_\alpha(1, t) - F_{\mathrm{eq}}(\rho(1, t), \boldsymbol{u}(1, t))] \qquad (5\text{-}67)$$

第七节　模拟计算中格子单位和物理单位的转化

在格子 Boltzmann 方法中，因为用假想的粒子代替真实分子的运动，为了计算方便，涉及的物理变量，如速度、黏度和压力等，都是无量纲化的格子单位。但是在实际工程中，物理变量都是有量纲的。因此，将两个单位体系进行有效转换和关联是非常重要的，而且要非常小心，因为和其他数值方法一样，格子 Boltzmann 方法还不能够满足复杂流体的流动中设计的长度、能量以及时间尺度的各个层次。

格子 Boltzmann 方法的格子单位和物理单位之间可以基于无量纲化思想进行转换，这种方法的核心思想是根据选定的特征尺度（特征长度、特征时间和特征质量），将实际流场中的物理单位转化为格子系统中的无量纲的物理量。格子 Boltzmann 方法中有三个基本量，即长度、时间和质量，它们在物理单位和格子单位下的量纲分别为 m，s，kg 和 1（lattice unit，time step，mass unit）。无量纲转化的基本步骤如下：

（1）首先确定特征长度。通常情况下，先根据格子系统的分辨率确定特征长度 L_0，即 $L_0 = h = L/N$，其中 h 为单位格子长度（有量纲）；N 为考虑计算代价确定的模拟系统所需要的格子数；L 为实际流场的特征长度。

（2）考虑数值稳定性，确定格子系统中的松弛时间 τ。通常情况下，对于单组分流体，其值设定为 1；对于复杂的多组分多相系统，τ 值视情况选定。随后根据 $v = c_s^2 (\tau - 0.5)$，确定格子系统中的运动黏度。若实际流场中流体的运动黏度为 v_0，根据 $v = v_0 \cdot \dfrac{T_0}{L_0^2}$ 即可确定特征时间 T_0。

（3）若选定格子系统的质量为 ρ，已知实际流场中流体的质量为 ρ_0，则特征质量由 $\rho = \rho_0 \cdot \dfrac{L_0^3}{M_0}$ 确定。

确定了流场的特征长度、特征时间和特征质量后，流场的其他物理量都可经无量纲化后获得，如表 5-5 所示。

表 5-5　格子单位和物理单位的无量纲转化

物理变量	格子单位	物理单位	转换关系
长度	l	L, m	$l = L/L_0$
时间	t	T, s	$t = T/T_0$
格子长度	$\delta x = 1$	h, m	$\delta x = h/L_0$
时间步长	$\delta t = 1$	Δt, s	$\delta t = \Delta t/T_0$
格子速度	$c = \delta x/\delta t = 1$	C, m/s	$c = C \cdot T_0/L_0$
密度	ρ	ρ_0, kg/m^3	$\rho = \rho_0/M_0$
运动黏度	v	v_0, m^2/s	$v = v_0 \cdot T_0/L_0^2$
速度	u	U_0, m/s	$u = U_0 \cdot T_0/L_0$
体积力	f	F, kg·m/s^2	$f = F \cdot T_0^2/(M_0 L_0)$
压力	p	P, kgf/(m·s^2)	$p = P \cdot L_0 T_0^2/M_0$
表面张力	γ	γ_0, kg/s^2	$\gamma = \gamma_0 \cdot T_0^2/M_0$

第八节　页岩油储层岩石流体流动可视化技术研究

可视化技术是一种研究致密油储层岩石流体流动的有效手段。在研究基于数字岩心的流体流动模拟中，会得到大量与流体流动相关的数据，对于这些数据，必须且只能够通过可视化技术将其转化为图形或图像，能直观看到流体流动相关场的分布。可视化技术运用了目前计算机图形学和图像处理技术，把计算过程中得到的计算结果通过图形、图像或动态视频的形式直观地显示出来，使研究人员直接观察到物理量或观察对象的分布。

可视化技术可在三个层次上实现，一是事后处理，二是跟踪，三是驾驭。事后处理是对完成计算后得到的数据进行可视化显示与分析；跟踪是在计算进行当中实时地以可视化方式显示计算结果，但用户对计算过程中的参数不能实时修改和调整；驾驭是在跟踪的基础上还能对各种计算参数和模拟参数进行实时修改，采用这种模式时计算和可视化的结合度最高，是科学计算可视化的最高境界。对流场来说，可视化研究内容主要有二维和三维的标量、矢量场的显示以及模拟计算过程中的交互控制等。

一、流体流动 LBM 模拟数据的可视化处理方法

对基于数字岩心的致密油储层岩石流体流动的可视化，形成了一套数据处理和图像显示规范。在可视化技术规范中，数据可视化手段主要包括数据曲线图、静态图像显示、动态图像显示和视频等。可视化数据类别主要包括流体速度、流场压力和流场密度。其中流体速度属于矢量数据，其可视化有速度分布图、流场流线图、流速矢量图三种形式；流场压力和流场密度属于标量数据，一般以压力或密度分布图来表示场数据的大小的相对分布值。

在流体流动的可视化研究中，既可对二维数字岩心 CT 图片模型进行可视化，也可对三维流畅可视化。二维流场数据量小，其可视化较简单且直观；三维流场数据量大，可视化相对困难。对三维矢量场和标量场进行可视化，一种简单处理方法是取各个方向上二维切面的方式把三维数据转化为二维显示。由于三维场内部的不可见性，目前还没有非常理想的可视化方法。三维数据可视化的时间和空间开销都极大，对于格子 Boltzmann 方法来说，在演化计算过程中将得到大量结果数据，这需对三维可视化算法及应用网格并行计算技术做进一步研究。

可视化的前提是数据，只要有了数据，就能够以需要的形式实现数据的图像化。可视化的必要工具是软件和程序，通过软件和程序的数据处理和显示功能，我们才能够直观地"看到"数据。在基于数字岩心的致密油储层岩石流体流动可视化技术中，可视化平台主要包括 Origin，Tecplot 和 ParaView。三款软件不仅能够适应致密油储层岩石流体流动的数据格式，而且都能在 Windows 平台下使用，与模拟流体流动的模型平台一致。

在 Origin 平台上，能够实现流场的数据曲线图。Tecplot 和 ParaView 是专业的流体流动模拟平台，两者能够实现流体速度场的流速分布图、流场流线图和流速矢量图的显示，也能够实现流场压力和密度的分布显示。图 5-20 是 Tecplot 软件界面，图 5-21 是 Tecplot 360 软件接收数据的文本格式，图 5-22 是 ParaView 软件界面，图 5-23 是 ParaView 软件接收的数据文本格式。图 5-24 是流体流动可视化处理规范图。

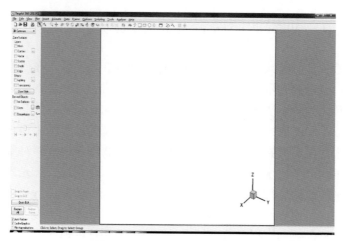

图 5-20   Tecplot 360 软件界面

```
Title="porous 3D"
VARIABLES= "X","Y","Z","U","V","W"
ZONE T="BOX", I=100,J=100,K=100,F=POINT
0 0 0 0 0 0
1 0 0 0 0 0
2 0 0 0 0 0
3 0 0 0 0 0
4 0 0 0 0 0
5 0 0 0 0 0
6 0 0 0 0 0
7 0 0 0 0 0
8 0 0 0 0 0
9 0 0 0 0 0
10 0 0 0 0 0
11 0 0 0 0 0
12 0 0 0 0 0
13 0 0 0 0 0
14 0 0 0 0 0
```

图 5-21   Tecplot 360 数据格式

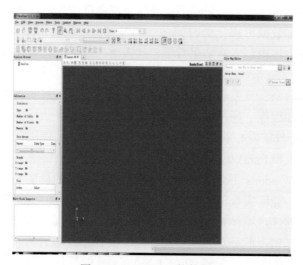

图 5-22   ParaView 软件界面

```
<?xml version="1.0"?>
<!-- openLBMflow -->
<VTKFile type="ImageData" version="0.1" byte_order="LittleEndian">
 <ImageData WholeExtent="0 500 0 249" Origin="0 0" Spacing="1 1">
 <Piece Extent="0 500 0 249">
   <PointData Scalars="scalars">
     <DataArray type="Float32" Name="Density" NumberOfComponents="1" format="ascii">|
0.0000e+00 0.0000e+00 0.0000e+00 0.0000e+00 0.0000e+00 0.0000e+00 0.0000e+00 0.0000e+00 0.0000e+00
00e+00 0.0000e+00 0.0000e+00 0.0000e+00 0.0000e+00 0.0000e+00 0.0000e+00 0.0000e+00 0.00
```

图 5-23　ParaView 接收数据文本格式

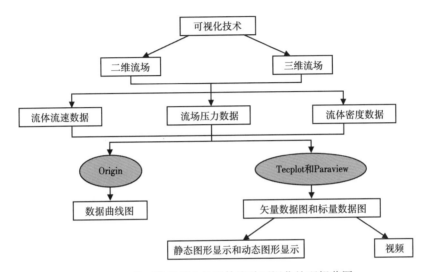

图 5-24　基于数字岩心的流体流动可视化处理规范图

可视化技术能够从二维和三维角度对流场进行展示，可处理的数据类别包括流体流速、流场压力和流体密度，采用的软件主要是 Origin，Tecplot 和 ParaView，流场显示方式主要包括动态静态图形、数据曲线和视频等。

二、流体流动模拟的可视化处理

1. 三维数字岩心流场的可视化

以一个 200×200×200 的数字岩心为例，图 5-25 为此数字岩心的立体图和切片图。将此数字岩心转化为 0，1 数据之后，使用程序读取数字岩心的结构并以单相流模型运行，

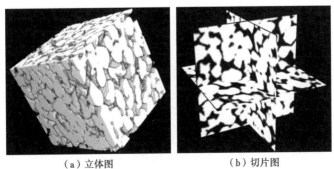

（a）立体图　　　　　　（b）切片图

图 5-25　三维数字岩心立体图和切片图

程序收敛后得到流场的宏观量数据。

以流体速度和流场压力为例，第一步是将 dat 数据文件读入 Tecplot。由于是三维模型，因此选择 3D Cartesian 作为坐标系。三维模型情况下可视化效果较好的是云图 Contour，切片图 Slices 和流线图 Streamtraces。首先选中 Contour 图，通过双击色标尺调出 Contour & Multi-Coloring Details，选择 Coloring 选项卡，调整 Color Distribution Method，可以得到模型外表面的速度分布云图。由于三维模型下无法观察到模型内部的速度和压力分布云图，因此，通过云图与切片相联合能够达到最佳的可视化效果。

选中 Slices 图按钮，自主调整切片的位置和数量，能够观察过到三维模型内部的速度和压力分布情况。然后在速度分布云图中通过 Streamtraces 选项添加流线，观察流体在岩心的流向情况。图 5-26 为 x 方向和 z 方向上的速度截面云图和流线图。其中，图 5-26（a）为流体流动方向上的入口、出口速度分布云图，以及中心截面处的速度分布云图。在单相流模型中设置入口速度边界，因此入口处设置初速度一致，速度云图颜色相同；在中心截面处和出口截面处，流体流速分布范围较广，大多数孔隙中的流体流速较低，云图颜色呈现蓝色，在一些连通性好的孔喉中流体流速很大，超过了设定的初速度值，云图色标呈现红色。图中绘出了部分流线，从流线分布情况来看，该岩心入口处连通性较好的孔隙主要分布在该岩心的上半部分。图 5-26（b）为 z 方向上中心截面的速度云图和穿过此截面的部分流线，结合两幅图可以看出，流体在该岩心中流动方向主要是从连通性较好的入口处上半部分流向出口。

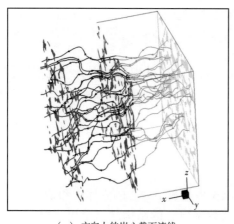

（a）x 方向上的岩心截面流线

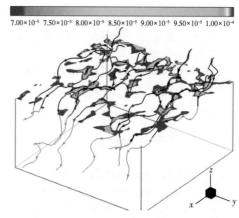

7.00×10⁻⁵ 7.50×10⁻⁵ 8.00×10⁻⁵ 8.50×10⁻⁵ 9.00×10⁻⁵ 9.50×10⁻⁵ 1.00×10⁻⁴

（b）z 方向岩心截面流线

图 5-26　流体截面图与流线图

图 5-27 为该数字岩心的压力分布云图，三张截图为流体流动方向上入口处、出口处和中心处的截面压力云图。在三维压力云图中难以观察到压力变化较大的地方，一是由于三维模型相对于二维模型可视化效果更低，二是由于当流场中的流体流动达到稳定状态后，流场中大部分孔隙中压力基本一致，只在细小的喉道处压力会发生较大变化。因此，从压力分布的截面云图中可以看到，压力分布大致相同，并且出现两个极端，在孔道的中心处压力较大，云图分布呈现红色，在孔道的边缘处压力分布较小，云图分布呈现蓝色。

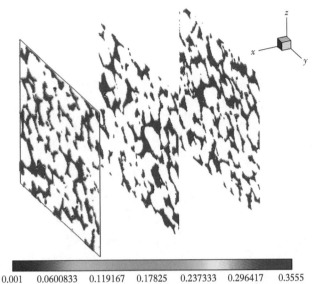

0.001　　0.0600833　　0.119167　　0.17825　　0.237333　　0.296417　　0.3555

图 5-27　压力分布云图

2. 二维数字岩心两相流动的可视化

使用 ParaView 软件编写相应程序，可实现两相流体流动的可视化。ParaView 是一款强大的可视化开源软件，它既可以直接通过读取图片的形式建立可视化的数字岩心，又可以通过读取数据来分析流场内流速和压力的变化。图 5-28 是通过 ParaView 读取 tif 格式图片建立的可视化三维模型，图中蓝色部分表示孔隙，红色部分表示固体，这个三维模型即为图 5-25 中的三维数字岩心。在数据读入方面，ParaView 可读取多种格式的数据文件，包括 Tecplot 读取的 dat 文本数据和应用广泛的 vtk 类可视化数据文件。

图 5-29 是一张岩心 CT 扫描图片结果二值化处理后的黑白图片，代表一个二维多孔介质岩石。由于二维多孔介质岩石的连通性限制，因此选取图片的渗透率和孔隙度较大，以使可视化效果更加明显。在此二维图上运行两相流体流动模型，观察驱替相流体和被驱替相流体的运动情况。

图 5-28　ParaView 建立的可视化三维模型

图 5-29　二维多孔介质切片图

145

图 5-30 为此二维多孔介质图在外力作用下的两相流体流动过程，6 幅图分别为 8000 时步、60000 时步、140000 时步、210000 时步、290000 时步和 370000 时步左右的流体状态，其中红色相为驱替流体，蓝色相为被驱替流体。

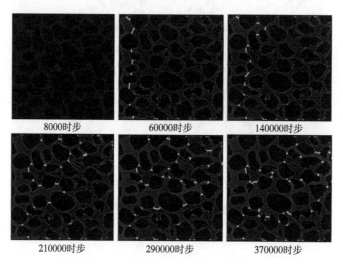

图 5-30　二维多孔介质两相流体流动可视化

通过设置模型中输出数据的时间间隔，就能够得到一定时间间隔下的驱替状态图，然后通过 ParaView 或 Linux 系统命令等操作将所有图片联合起来就能够得到驱替状态的动态图片或视频的可视化文件。

在之前介绍的可视化软件中，Tecplot 和 ParaView 都能够完成动态图片和视频等的制作。两者相同之处在于，两款软件所需数据都是多个时刻下的，每个时刻的数据只能将这个状态下的流场数据可视化，只有多个时刻同时存在，才能够得到流场状态随时间的变化。两者不同之处在于，Tecplot 所需要的不同时刻的数据必须由同一文本文件载入，也就是说，所有的数据必须存放在同一个文件中，对于二维模型这种情况容易实现，但是对于三维模型，其网格点数量庞大，往往一个时刻下的数据量可达几百兆（M），多个时刻数据合并后文件大小会达到几十千兆（G），这样不仅严重影响操作速度，Tecplot 也不能够读取如此巨量的数据来作图；但是对于 ParaView 来说则不存在上述问题，将不同时刻的数据写入不同的文件，这一系列文件可以同时导入 ParaView 中进行操作，这样就不会影响操作速度，也无须担心软件所能够承载的数据量大小以及内存是否足够。

第六章 页岩油储层岩石单相流体流动规律研究

致密油储层单相流体流动规律主要受储层孔隙结构和流体物性的影响，从孔隙结构和流体物性两方面研究单相流体流动特征。研究了不同孔喉尺度、形状及连通性条件下的流体流动规律，分析了不同的流体黏度、密度和压力、速度等条件对流体流动的影响，通过定性分析和定量分析相结合，总结了致密油储层岩石单相流流体的流动特征。

第一节 页岩油储层岩石单相流的 LBM 模拟

一、微观孔隙结构参数的统计

致密油储层岩石内流体流动问题是一种典型的多尺度问题，研究中通常涉及三个尺度，即孔隙尺度、表征体元尺度（REV）和宏观尺度。图 6-1 为致密油储层岩石多孔介质的三个尺度。

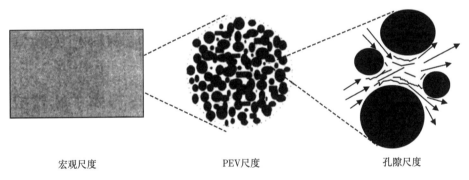

宏观尺度　　　　　　　　　PEV尺度　　　　　　　　孔隙尺度

图 6-1　致密油储层岩石多孔介质的三个尺度

REV 尺度是比孔隙尺度大得多的一种尺度。所谓 REV，是指多孔介质的一个控制体积，它包含足够多的微孔，尺寸远大于单个孔的尺寸，但又远小于宏观流动区域的尺度，因此相对渗流域 REV 可以看作是一个点。

根据前面所建立的 10 个典型致密油储层岩石数字岩心，按照每个数字岩心选取满足 REV 尺度的 20 个代表性立方体数字岩心进行单相流模拟。同时统计这 20 个岩心的微观孔隙结构参数分布，包括孔隙半径分布、喉道半径分布、孔喉比分布、配位数分布、孔隙长度分布、喉道长度分布、孔喉总长度分布、孔隙形状因子分布、喉道形状因子分布、孔隙体积分布和喉道体积分布等 11 个微观孔隙结构参数分布。表 6-1 至表 6-3 是 20 个立方体数字岩心的微观结构参数统计。

表 6-1　20 个立方体数字岩心的微观参数统计

岩心编号	孔隙数目	喉道数目	孔隙半径，μm			喉道半径，μm			配位数		
			最大值	最小值	平均值	最大值	最小值	平均值	最大值	最小值	平均值
#1	61	52	2.546	0.037	0.445	0.629	0.026	0.263	9	0	1.590
#2	83	95	0.592	0.010	0.120	0.608	0.006	0.080	13	0	2.108
#3	62	97	1.003	0.034	0.307	0.416	0.020	0.153	8	0	2.710
#4	47	78	6.902	0.065	1.479	4.138	0.065	0.840	10	0	2.979
#5	87	111	0.464	0.010	0.124	0.468	0.005	0.063	8	0	2.425
#6	74	80	0.928	0.012	0.232	0.881	0.015	0.142	6	0	1.932
#7	82	98	9.010	0.190	1.944	4.007	0.118	1.075	8	0	2.134
#8	79	82	0.938	0.020	0.239	0.438	0.019	0.155	10	0	1.911
#9	53	59	1.868	0.060	0.572	1.484	0.026	0.383	7	0	1.906
#10	81	132	3.771	0.041	0.806	1.828	0.042	0.392	13	0	2.926
#11	64	58	3.667	0.065	0.972	2.499	0.065	0.532	7	0	1.625
#12	82	76	0.452	0.009	0.133	0.419	0.016	0.080	7	0	1.683
#13	148	195	0.395	0.010	0.105	0.249	0.006	0.058	9	0	2.473
#14	109	154	10.937	0.156	2.212	6.443	0.111	1.208	11	0	2.578
#15	104	130	10.510	0.113	2.204	4.972	0.125	1.066	8	0	2.298
#16	82	101	0.424	0.009	0.124	0.240	0.006	0.063	11	0	2.220
#17	111	176	6.569	0.156	1.890	3.344	0.112	0.985	10	0	2.991
#18	131	162	6.318	0.252	1.920	4.090	0.112	1.014	8	0	2.328
#19	97	83	5.983	0.153	1.723	4.819	0.117	0.932	7	0	1.567
#20	69	62	7.582	0.196	2.385	4.946	0.115	1.410	5	0	1.580

表 6-2　20 个立方体数字岩心的微观参数统计（二）

岩心编号	孔喉比			孔隙形状因子			喉道形状因子			孔隙长度，μm		
	最大值	最小值	平均值	最大值	最小值	平均值	最大值	最小值	平均值	最大值	最小值	平均值
#1	7.665	0.460	2.121	0.035	0.015	0.024	0.050	0.013	0.026	6.415	0.210	1.486
#2	13.232	0.178	2.648	0.043	0.011	0.025	0.038	0.012	0.025	2.804	0.053	0.515
#3	6.930	0.206	2.423	0.040	0.013	0.024	0.038	0.012	0.025	5.818	0.105	0.967
#4	8.014	0.586	2.245	0.042	0.013	0.025	0.039	0.011	0.024	27.845	0.525	5.222
#5	6.629	0.149	2.397	0.050	0.015	0.026	0.038	0.015	0.025	1.969	0.053	0.386
#6	9.725	0.379	2.465	0.042	0.014	0.025	0.037	0.012	0.025	3.237	0.105	0.590
#7	5.992	0.207	2.079	0.038	0.012	0.025	0.038	0.015	0.025	35.996	1.050	5.926
#8	7.496	0.219	2.397	0.034	0.012	0.024	0.037	0.012	0.025	3.121	0.105	0.820
#9	8.678	0.359	2.497	0.040	0.014	0.024	0.036	0.014	0.025	6.131	0.210	1.518
#10	10.226	0.588	2.697	0.047	0.013	0.024	0.035	0.013	0.025	14.575	0.350	2.576
#11	14.658	0.226	2.643	0.036	0.011	0.025	0.050	0.013	0.025	11.232	0.525	2.839

续表

岩心编号	孔喉比			孔隙形状因子			喉道形状因子			孔隙长度，μm		
	最大值	最小值	平均值	最大值	最小值	平均值	最大值	最小值	平均值	最大值	最小值	平均值
#12	14.163	0.206	2.753	0.041	0.017	0.026	0.037	0.012	0.025	1.357	0.070	0.365
#13	8.700	0.132	2.386	0.041	0.011	0.024	0.050	0.011	0.025	1.886	0.058	0.361
#14	7.756	0.291	2.405	0.043	0.013	0.024	0.050	0.014	0.026	34.825	1.050	6.713
#15	12.203	0.576	2.825	0.049	0.014	0.025	0.038	0.013	0.025	33.587	1.050	6.991
#16	6.051	0.459	2.309	0.039	0.013	0.024	0.037	0.013	0.025	1.976	0.053	0.392
#17	10.779	0.266	2.384	0.042	0.009	0.023	0.050	0.010	0.026	26.035	1.050	6.167
#18	9.724	0.244	2.374	0.039	0.010	0.025	0.050	0.010	0.026	31.808	1.050	5.502
#19	8.498	0.491	2.537	0.039	0.012	0.026	0.038	0.015	0.026	26.978	1.050	5.157
#20	4.620	0.532	2.365	0.041	0.011	0.025	0.034	0.013	0.024	22.459	1.050	7.361

表 6-3　20 个立方体数字岩心的微观参数统计（三）

岩心编号	喉道长度，μm			孔喉总长度，μm			孔隙体积，μm³			喉道体积，μm³		
	最大值	最小值	平均值	最大值	最小值	平均值	最大值	最小值	平均值	最大值	最小值	平均值
#1	4.229	0.210	1.344	9.601	0	4.103	355.12	0.194	10.76	7.43	0.009	0.87
#2	1.751	0.074	0.466	4.382	0	1.421	7.52	0.002	0.30	0.55	0.000	0.03
#3	2.358	0.105	0.677	6.683	0	2.253	49.39	0.017	2.67	3.98	0.001	0.23
#4	17.967	0.525	4.498	42.545	0	13.845	11748.30	2.749	554.24	658.98	0.145	26.11
#5	1.498	0.053	0.383	3.617	0	1.100	2.67	0.002	0.20	0.44	0.000	0.02
#6	2.025	0.105	0.640	5.413	0	1.698	19.70	0.016	0.87	1.82	0.001	0.11
#7	23.664	1.050	6.430	67.655	0	17.142	23316.88	20.837	909.03	1045.34	1.158	90.77
#8	2.075	0.105	0.778	5.995	0	2.284	25.74	0.023	1.58	2.40	0.001	0.17
#9	4.064	0.210	1.375	12.477	0	4.012	132.50	0.167	15.84	20.34	0.009	2.31
#10	12.828	0.350	2.422	23.875	0	7.062	1377.36	0.686	76.37	48.06	0.043	3.46
#11	11.539	0.525	2.935	30.700	0	8.006	1895.90	2.171	107.04	87.40	0.145	9.62
#12	1.263	0.070	0.423	3.426	0	1.086	2.41	0.005	0.17	1.11	0.000	0.03
#13	1.378	0.058	0.386	3.733	0	1.047	2.75	0.002	0.14	0.44	0.000	0.02
#14	20.289	1.050	7.043	78.104	0	19.265	47747.40	21.995	1329.08	1742.23	1.158	120.04
#15	23.776	1.050	6.479	49.610	0	18.852	19820.86	15.049	1003.83	1732.97	1.158	91.51
#16	1.001	0.053	0.352	3.280	0	1.044	2.72	0.002	0.18	0.09	0.000	0.01
#17	25.598	1.050	6.658	51.977	0	18.255	8668.30	16.207	812.03	589.23	1.158	62.48
#18	14.600	1.050	6.097	47.745	0	16.447	5263.72	19.680	547.46	982.82	1.158	67.61
#19	17.474	1.050	5.857	47.790	0	15.106	10103.75	18.522	518.90	1379.89	1.158	97.05
#20	22.368	1.050	7.155	54.997	0	20.272	10924.51	20.837	1228.86	3258.71	1.158	186.96

　　选取具有代表性的 #5，#6 和 #11 号岩心，绘制微观参数分布曲线。图 6-2 至图 6-12 给出了 3 个岩心的孔隙半径等微观参数的分布图。经统计，20 个数字岩心的微观参数平均值见表 6-4。

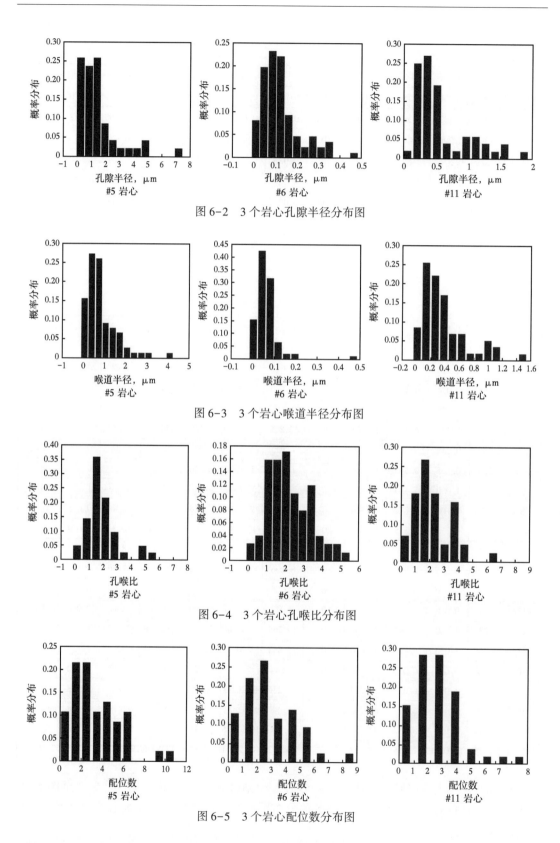

图 6-2　3 个岩心孔隙半径分布图

图 6-3　3 个岩心喉道半径分布图

图 6-4　3 个岩心孔喉比分布图

图 6-5　3 个岩心配位数分布图

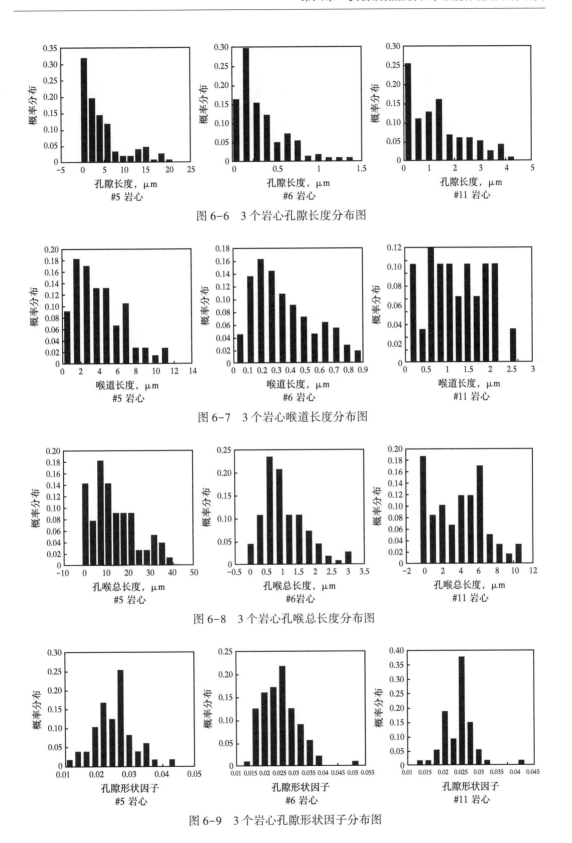

图 6-6 3 个岩心孔隙长度分布图

图 6-7 3 个岩心喉道长度分布图

图 6-8 3 个岩心孔喉总长度分布图

图 6-9 3 个岩心孔隙形状因子分布图

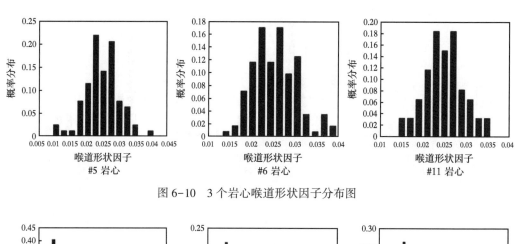

图 6-10　3 个岩心喉道形状因子分布图

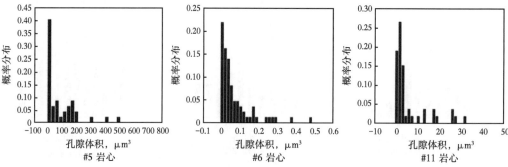

图 6-11　3 个岩心孔隙体积分布图

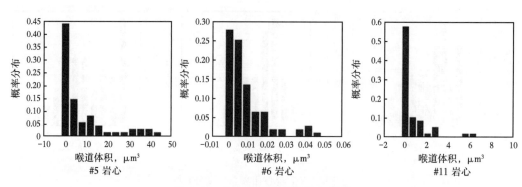

图 6-12　3 个岩心喉道体积分布图

表 6-4　20 个数字岩心的微观参数平均值

微观参数		最大值	最小值	平均值
孔隙数目		148	47	85
喉道数目		195	52	104
孔隙半径，μm	最大值	10.937	0.395	4.043
	最小值	0.252	0.009	0.080
	平均值	2.385	0.105	0.997

微观参数		最大值	最小值	平均值
喉道半径，μm	最大值	6.443	0.240	2.346
	最小值	0.125	0.005	0.056
	平均值	1.410	0.058	0.545
配位数	最大值	13.000	5.000	8.750
	最小值	0	0	0
	平均值	2.991	1.567	2.198
孔喉比	最大值	14.658	4.620	9.087
	最小值	0.588	0.132	0.338
	平均值	2.825	2.079	2.447
孔隙形状因子	最大值	0.050	0.034	0.041
	最小值	0.017	0.009	0.013
	平均值	0.026	0.023	0.025
喉道形状因子	最大值	0.050	0.034	0.041
	最小值	0.015	0.010	0.013
	平均值	0.026	0.024	0.025
孔隙长度，μm	最大值	35.996	1.357	15.003
	最小值	1.050	0.053	0.489
	平均值	7.361	0.361	3.093
喉道长度，μm	最大值	25.598	1.001	10.587
	最小值	1.050	0.053	0.490
	平均值	7.155	0.352	3.120
孔喉总长度，μm	最大值	78.104	3.280	27.680
	最小值	0	0	0
	平均值	20.272	1.044	8.715
孔隙体积，μm³	最大值	47747.400	2.413	7073.375
	最小值	21.995	0.002	6.958
	平均值	1329.081	0.140	355.978
喉道体积，μm³	最大值	3258.714	0.089	578.211
	最小值	1.158	0	0.423
	平均值	186.956	0.013	37.970

二、页岩油储层岩石单相流的 LBM 模拟

在相同的条件下，LBM 模拟研究了所选取的 20 个数字岩心的单相流，并绘制了流体流动方向上中心截面上的速度分布和压力分布。图 6-13 为流动方向中心截面的速度分布图。图 6-14 为流动方向中心截面的压力分布图。

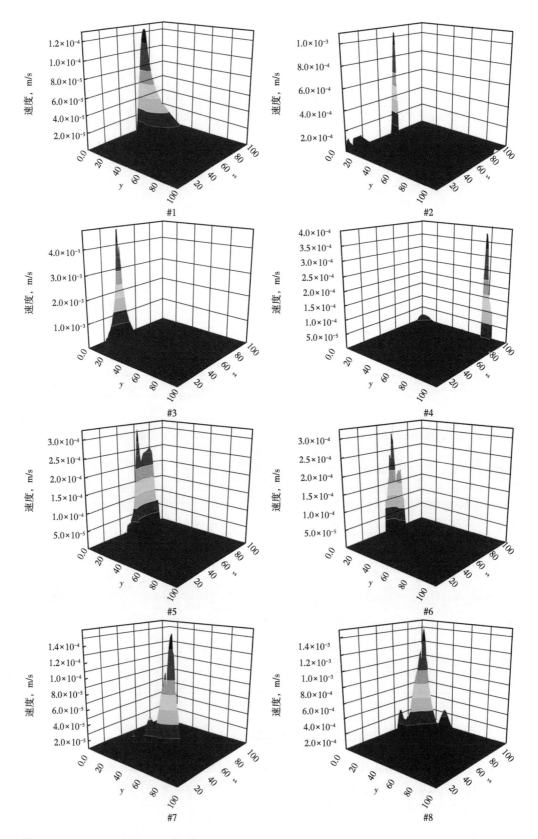

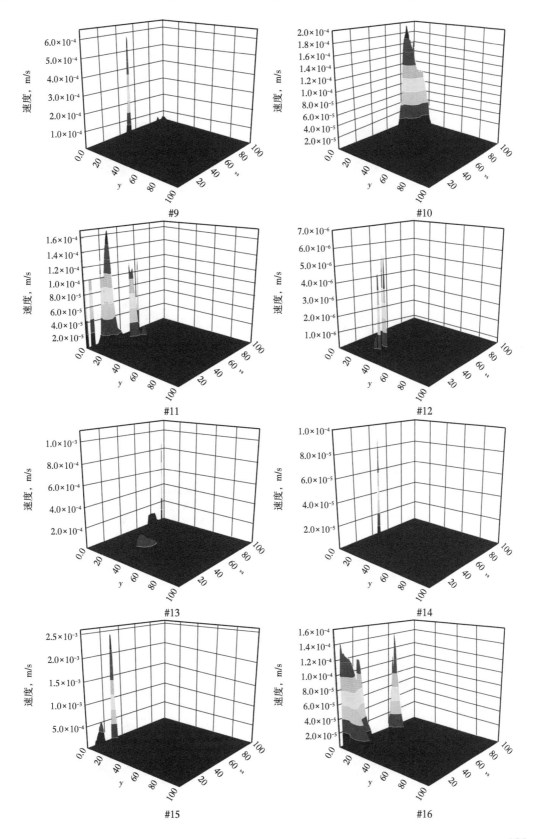

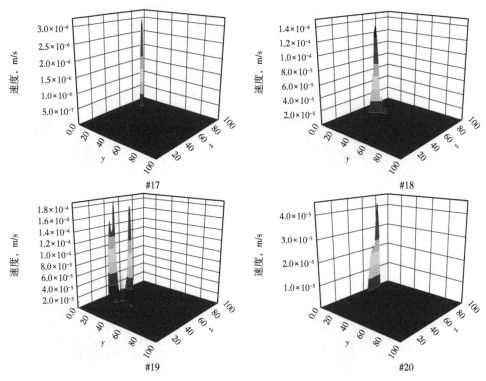

图 6-13　20 个岩心流动方向中心截面速度分布

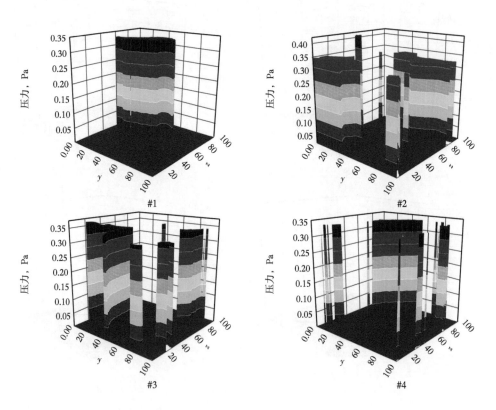

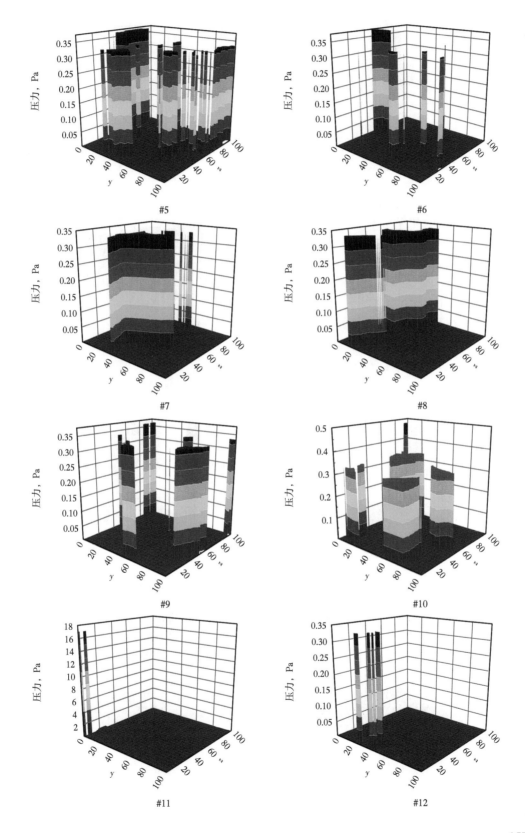

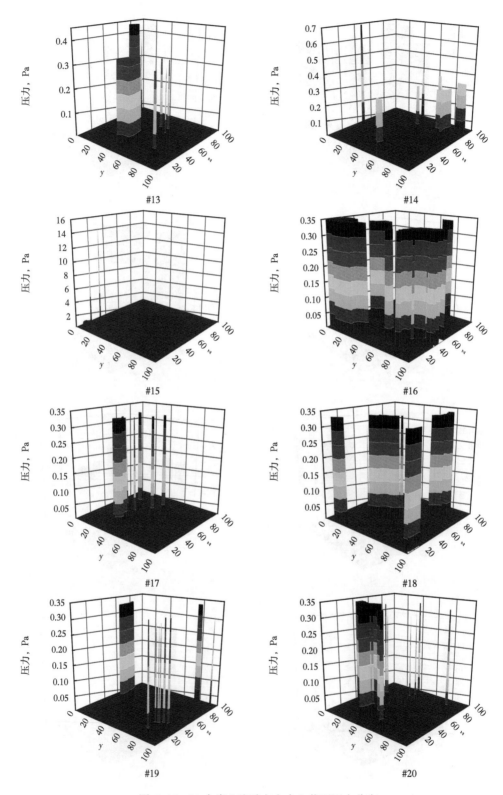

图 6-14　20 个岩心流动方向中心截面压力分布

对比分析 20 个数字岩心流体流动方向中心截面的速度分布和压力分布可知，致密油储层岩心中的连通孔隙是非常少的，大部分是孤立的孔隙。从速度分布图中可以看出，流体流动主要集中于一个连通性好的较大孔隙，在其他孔隙中也可能存在流体，会产生压差，但流体并不流动。对比速度分布和压力分布可知，流体在这种不连通孔隙中只产生压力，但是没有对流体流动作出贡献。从速度分布图中也可看出，在连通性好的孔隙中，流体流速在孔隙中心处最大，而在靠近孔隙边界处流体流速小，这反映了流体与固体界面的相互作用影响流体的流动。

第二节　页岩油储层岩石孔隙结构对单相流体流动的影响

一、孔喉尺度对单相流体流动的影响

储层岩石所具有的孔隙和喉道的几何形状、大小、分布及其相互连通关系，是决定流体在储层岩石中如何流动的关键因素。储层岩石多孔介质的孔隙喉道大小对流体的流动有着最直接的影响。

在相同的初速度条件下，模拟研究了 20 个数字岩心的孔喉尺寸和单相流流动的关系。设置相同的边界条件和其他相关参数后，为 20 个模型设置最大运行时间为 30000 时步，若模型在此运行时步以内满足收敛条件，则程序模拟停止。图 6-15 是各个岩心模型的模拟时步和平均孔隙半径的关系图。从图 6-15 中可以看出，总体来说平均孔隙半径越小，运行时步越长，如#2，#5，#12，#13 和#16 号岩心；平均孔隙半径越大，模型更容易收敛。但两者之间并不存在明确的关系，如#6，#20 号岩心，虽然#20 号岩心的孔隙半径更大，但其运行在#6 号岩心之上，这与岩心的其他性质，如孔隙形状和连通性等有关，更主要的是应该与连通孔隙的大小有关。

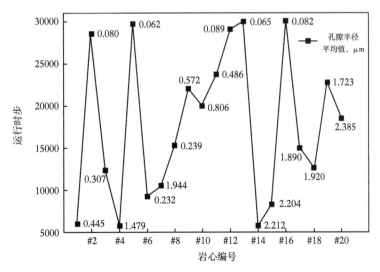

图 6-15　20 个岩心模型的运行时步与平均孔隙半径关系

图 6-16 是喉道半径在 0.05μm 左右的数字岩心中流体平均流速与对应平均喉道半径关系曲线图。

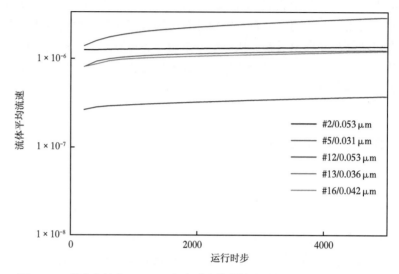

图 6-16 喉道半径在 0.05μm 左右时流体平均流速与平均喉道半径关系

图 6-17 是喉道半径在 0.3μm 左右的数字岩心中流体平均流速与对应平均喉道半径关系曲线。图 6-18 是喉道半径在 1μm 左右的数字岩心中流体平均流速与对应平均喉道半径关系曲线。

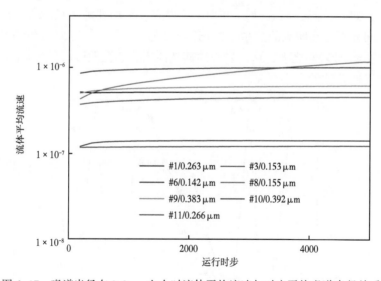

图 6-17 喉道半径在 0.3μm 左右时流体平均流速与对应平均喉道半径关系

图 6-19 是#3, #5 和#19 号数字岩心流体平均流速与对应平均喉道半径关系曲线。根据格子 Boltzmann 方法中物理单位和格子单位的转化关系，物理单位的流体流速与格子单位的流体流速存在一定的比例关系，图中为方便表示，纵坐标流体流速采用格子单位；同时为确保曲线的可观性和相互比较，横坐标运行时步截取 5000 时步以内的数据，纵轴采

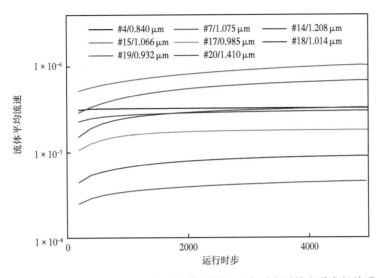

图 6-18　喉道半径在 $1\mu m$ 左右时流体平均流速与对应平均喉道半径关系

用对数坐标。图例参数表示岩心序号和相应的喉道半径平均值。图 6-16 至图 6-19 4 幅图中横纵坐标刻度范围均相同。

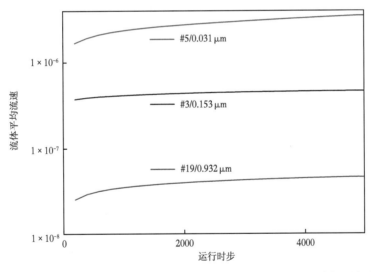

图 6-19　#3，#5 和#19 号数字岩心流体平均流速与对应平均喉道半径关系

　　对比图 6-16、图 6-17 和图 6-18 可知，平均喉道半径为 $0.05\mu m$ 左右的数字岩心中流体流速主要集中在 10^{-6} 以上，平均喉道半径为 $0.3\mu m$ 左右的数字岩心中流体流速主要分布在 $10^{-7}\sim10^{-6}$ 之间，平均喉道半径为 $1\mu m$ 左右的数字岩心中流体流速分布范围较广泛，平均为 10^{-7} 左右。平均喉道半径越小，流场中的平均流速越高。但从图 6-19 中也可大致看出，随平均喉道半径减小，流速增加幅度减小，平均喉道半径为 300nm 左右时流体与固体相互作用的影响明显体现。对比图 6-16、图 6-17 和图 6-18 各图中的每组曲线，尽管它们的喉道分布很接近，但是由于每个数字岩心的内部连通性不同，每组数字岩心内

流场平均流速各不相同。

二、孔喉形状对单相流体流动的影响

孔喉形状和孔喉连通性是储层孔隙结构的一个重要因素，不同的孔喉形状和连通性会对流体的流速和流向产生不同的影响。在油水两相模拟中，不同的孔喉形状和连通性还会影响剩余油分布和驱替效率。

在研究孔隙的几何形状对流动的影响时，首先直接根据孔隙的几何形状建立二维数字岩心 CT 图片模型。根据致密油储层岩石孔隙结构的几何形状特征，主要将孔隙形状分为曲线形、方形和三角形三种情况进行研究，并主要模拟 6 种孔道模型的单相流流体流动，分析流体流动规律随形状变化的定性趋势，观察压力和速度的整体变化，并判断不同孔道形状对流体收敛性的影响。然后通过分析三维数字岩心的形状因子和孔喉长度等参数，定量研究不同微观参数为单相流流体流动的影响。

图 6-20 是 9 种孔喉形状孔道模型的示意图。图中示意图（a），（b），（c）是 3 种单边情况的正弦孔道、脉冲孔道和锯齿状孔道，（d）至（i）分别是对称正弦孔道、非对称

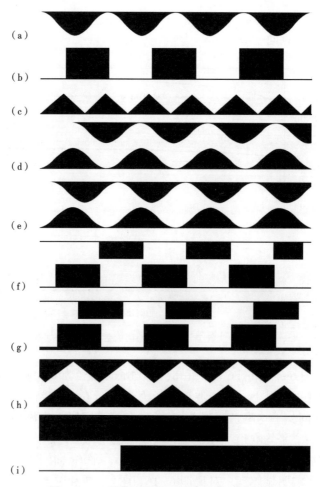

图 6-20　9 种典型孔喉形状孔道模型示意图

正弦孔道、短脉冲对称孔道、短脉冲非对称孔道、锯齿状孔道和长脉冲孔道。

通过制作流场云图可以显示流场中的速度分布和压力分布，为处理方便，速度色标和压力色标都采用格子单位，不同孔道以字母代号表示。图6-21显示的是部分孔道的压力、速度云图和流线图。

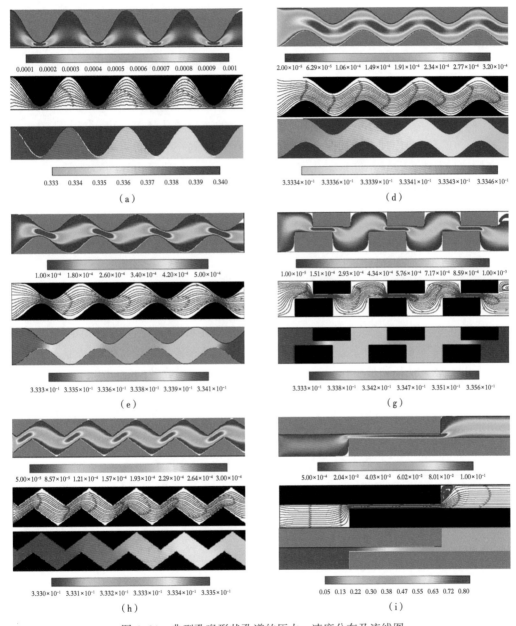

图 6-21　典型孔喉形状孔道的压力、速度分布及流线图

在图6-21中6幅速度云图中，暖色调所在流场流体速度大，冷色调所在流场流体速度小；在同一个孔隙喉道中，孔喉中间部分流体速度大，靠近壁面处流体速度小；在不同的孔喉中，半径较大的孔喉处流体流速较小，半径较小的孔喉处流体流速较大；曲线形孔

道与方形孔道相比，曲线形孔道中流体更容易波及流场中的所有孔隙点，而方形孔道中由于存在死角，流场内存在未被波及的区域。在相应的流线图中，孔隙喉道较大的地方流线更加密集，流体流速较小的地方流线稀疏；在方形孔道中，由于流场内存在突兀的拐点和死角，因此流体在流动时容易出现漩涡，如图 6-21（g）和图 6-21（i）中的流线图所示，但曲线形孔道由于过渡平滑，一般不会出现漩涡；对比图 6-21（i）流线图中左下和右上两处拐点可知，漩涡一般在流体从小孔隙流向大孔隙时出现，由于存在死角，大孔隙中存在流体难以波及的区域而造成流体的回旋。

从图 6-21 中 6 幅压力云图中可以看出，压力整体变化为从入口到出口逐渐降低；在孔径大小不同处，压力的变化不同，如图 6-21（d）和图 6-21（h）中压力分布，由于整个孔道孔径大小基本一致，因此从入口到出口压力比较均匀地降低，而从其余 4 幅压力云图中来看，由于存在孔径不一的孔隙和喉道，压力的变化随孔径而变化，在大孔隙中压力基本相等，压降主要出现在连通两个孔隙的喉道中，在同一喉道的两端压力相差很大。

在模拟计算中，设置不同形状孔道的模型大小一致，且速度边界的初速度一致，对比各模型中的模拟收敛性。在模型中以网格点上能量的标准差来判断收敛性，即

$$\frac{\sqrt{\frac{1}{N-1}\sum_{i=1}^{N}(\varepsilon_i - \overline{\varepsilon})^2}}{\overline{\varepsilon}} < 10^{-4} \tag{6-1}$$

式中，N 为总网格点数目；$\varepsilon_i = \frac{1}{2}\rho v^2$ 为每一网格点上的能量值；$\overline{\varepsilon}$ 为网格点上平均能量。当能量的标准差与能量平均值的比值小于 10^{-4} 时，判定流场中流体流动已达稳定状态。

表 6-5 记录了 6 个模型除去入口出口后的最大孔径和最小孔径与收敛时步。从表 6-5 中可以看出，最大孔径和最小孔径相差较大的孔道达到流场收敛的时间越长，孔径大小越均匀，收敛越快；同时还可看出，虽然模型（i）的孔径比值与模型的（e）的孔径比值一致，但是由于前者小孔径的长度更长，所以收敛时间更长。因此，模拟的收敛性不仅与孔径大小相关，还与孔径长度相关。

表 6-5　不同孔道形状孔径大小与收敛时步

模型类型	最大孔径, pixel	最小孔径, pixel	孔径比	收敛时步
模型（a）	57	5	11.4	128998
模型（d）	56	56	1	14578
模型（e）	90	17	5.3	18999
模型（g）	98	12	8.2	53529
模型（h）	66	34	1.9	10352
模型（i）	53	10	5.3	80776

三、连通性对单相流体流动的影响

在致密油储层岩石的孔隙结构参数中，用配位数、孔喉比和孔喉体积比等参数来表示孔喉连通性，因此通过这些参数对流体流动特征的影响来研究连通性的影响。根据油气藏

工程常用词汇的国家标准，配位数表示在孔隙网络中某一孔隙与其周围连通孔隙的个数，为无量纲参数，取值一般在 2~5 之间。

以三维数字岩心为基础，研究配位数和孔喉比对单相流流动规律的影响，并通过二维数字岩心 CT 图片对连通性给予直观展示和分析。根据表 6-1 至表 6-3 中的参数统计，这20 个数字岩心模型的平均配位数大致分布在 1.5~3，说明在这些岩心中，一个喉道在立体方位上平均连接 1.5~3 个孔隙，相比于油气藏工程中的配位数范围，这些岩心中的孔隙配位数较小，岩心总体的连通性较差；孔喉比平均值差别较小，在 2.5 左右。

图 6-22 是 20 个岩心模型流场内平均压力和岩心平均配位数的散点关系图。纵坐标是格子单位下的流场平均压力值，从散点整体分布可以看出，岩心的平均配位数越小，即岩心的连通性越差，流场内的平均压力越高；相反，连通性较好的岩心中流场平均压力越低。

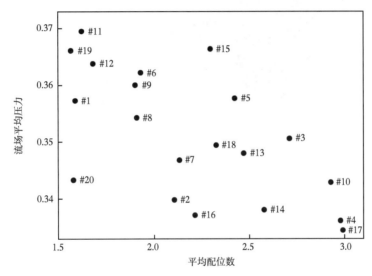

图 6-22　20 个岩心流场压力和配位数的关系

连通性差的数字岩心中存在细小的喉道和堵塞的孔隙，流体难以通过，喉道两端的流体压差大，而连通性较好的岩心中流体易于流动，流场中流速差别小，流场入口出口两端压力差别小。对比配位数基本相同时数字岩心中流场平均压力，如#11，#19，#12，#1 和#20 号数字岩心，#6，#8 和#9 号数字岩心等，尽管它们的平均配位数基本相同，但是流场的平均压力相差很大，原因在于每个数字岩心中平均孔隙半径和平均喉道半径不同。平均孔喉半径较大的数字岩心，流场的平均压力较小；反之，流场平均压力较大。

流体在致密油储层数字岩心中的流动是一个复杂的流动状态，流体流速和流场压力等受各种因素的影响，其中有些因素起主导作用，有些因素起次要作用。综合考虑这些影响因素，才能够得到正确的流体流动规律。

第三节　流体物性对页岩油储层岩石单相流体流动的影响

致密油储层岩石中的单相流流体流动除了受岩石孔隙结构的影响外，还受流体物性和外界条件的影响。其中岩石孔隙结构对流体的流动起着决定性作用，但流体本身的性质和外力条件等也不能忽略。流体本身的性质主要是流体的密度和黏度，分别影响流体在多孔介质中流动时的压力和流速。外界条件主要指流体流动的驱动力、温度等因素，在恒温的情况下，施加不同的驱动力，流体会出现不同的流动状态。

以一个为 200×200×200 像素的立方体数字岩心为例，其孔隙度和渗透率稍大以便可视化和流动规律研究。图 6-23 为使用 ParaView 制作的该数字岩心的孔隙分布云图。

研究流体物性和外力条件对单相流的影响时采取控制变量法：研究流体物性对流体流动的影响时统一采取速度边界作为流动的驱动力，出口边界为充分发展边界；研究外力条件对流体流动的影响时设置流体密度和黏度值不变。

图 6-23　数字岩心骨架分布和孔隙分布示例

一、流体黏度对单相流体流动的影响

格子 Boltzmann 方法模拟的流体流动是一个弛豫过程，用来表征此弛豫过程的参数是弛豫时间和弛豫频率，两者互为倒数。其中弛豫时间和流体黏度存在式（6-2）关系：

$$v = c_s^2 (\tau - \frac{1}{2}) \delta_t \qquad (6-2)$$

$$\tau = \frac{1}{\omega} \qquad (6-3)$$

式中，τ 和 ω 分别为弛豫时间和弛豫频率；v 为流体的黏度。

表 6-6 列出了模拟中格子单位下的弛豫频率，弛豫时间和流体黏度的取值分布。模拟中当弛豫频率取值 0.5 和 1.8 时，程序发散，不能得到正确的数据结果。因此选取模型 II 至模型 VII 的 6 种情况进行比较，格子单位黏度在 0.39~0.04 范围内。

表 6-6　弛豫参数和流体黏度取值

模型	弛豫频率	弛豫时间	流体黏度
模型 I	0.5	2.00	0.50
模型 II	0.6	1.67	0.39
模型 III	0.8	1.25	0.25
模型 IV	1.0	1.00	0.17
模型 V	1.2	0.83	0.11
模型 VI	1.4	0.71	0.07
模型 VII	1.6	0.63	0.04
模型 VIII	1.8	0.56	0.02

图 6-24 为 6 种黏度值情况下的收敛值变化。为了观察方便，将纵坐标收敛判据设置为对数坐标。从图中模型Ⅱ到模型Ⅶ可以看出，弛豫频率越大，流体黏度越小，模拟计算收敛得越快，模型Ⅶ的收敛时步不超过 25000，模型Ⅱ的收敛时步为 65000 以上；对所有的模型，收敛公式的结果都并非一直逐渐减小，在 10000 时步左右，收敛公式的计算结果会出现波动，流体黏度越小的模型其波动就越大，波动之前所有模型收敛公式计算结果基本相同，而波动之后流体黏度小的模型会比流体黏度大的模型更快收敛。

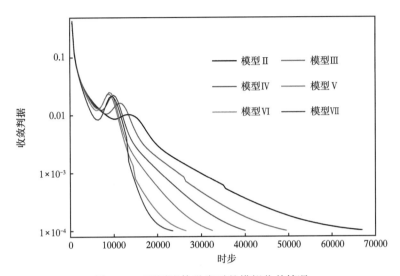

图 6-24　不同流体黏度时的模拟收敛情况

图 6-25 为模型Ⅱ到模型Ⅶ中流体流向上流速的变化。模拟计算收敛后，x 方向上流体流速逐渐恒定。

由图 6-25 可知，在用速度边界作为流体的驱动力研究流体黏度对致密油储层单相流流动的影响时，设定所有模型的初速度均为 1.0×10^{-4}（格子单位）。从 6 种模型的平均流

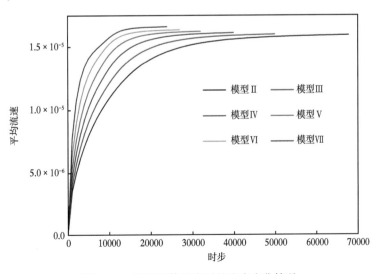

图 6-25　不同流体黏度时的流度变化情况

速变化曲线来看，流体黏度越大，流体流速达到稳定状态的时间越长，而且稳定后的流体流速越小；反之，流体黏度小，稳定后流体流速大。从整体来看，不同流体黏度的模型达到稳定状态后的平均流速相差不大，平均流速比初速度大约低一个量级。

图 6-26 为达到稳定状态后的流体平均流动速度和收敛性随黏度的变化曲线。从图 6-26 中可以看出，黏度越大，稳定后流体流动速度越小，但是所需的收敛时步越长。收敛时步与黏度基本呈线性关系，而稳定后的流体速度随黏度变化越来越小，黏度逐渐增大时，达到稳定状态后的流体流动速度变化越小。

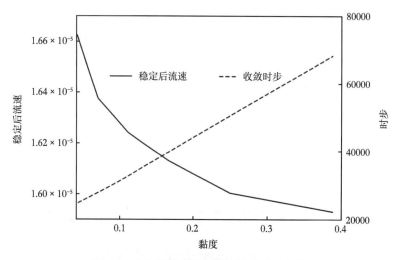

图 6-26 收敛性和稳定流速随黏度的变化

流体黏度主要影响流体在致密油储层岩石多孔介质中流动的畅通性，主要表现在单相流模型的收敛性和流体速度方面。流体黏度越大，流体在致密油储层岩石多孔介质的流动畅通性越小，流体的流动状态难以改变，导致收敛时步越长，而且收敛后的流体流动速度较流体黏度小时更小。

从收敛性和稳定后流体流速的变化来看，黏度的变化对流体流动的稳定性影响更大，其收敛时步变化跨度更长；而黏度的变化对稳定后的流体流动速度的影响则要小得多。

二、流体密度对单相流体流动的影响

在用格子 Boltzmann 方法研究致密油储层岩石单相流时，密度是直接和分布函数相关的量，在一个网格点上，所有方向上的密度分布函数的和即为该网格点的流体密度，它是连接微观与宏观的一个量。在格子 Boltzmann—BGK 模型中，密度是直接和压力相关的一个量，为网格点设置不同的流体密度值，相应流场的压力就不同。在研究流体密度对致密油储层单相流的影响时，设定网格点上格子单位下的密度值为 1.0，1.5，2.0，2.5 和 3.0 5 种情况，研究不同密度值下流体流速、流场压力和收敛情况。

图 6-27 是流体密度取值不同时流场内流体的平均流速的变化。从图中可以看出，不同流体密度值时流场平均流速总体相差不多。在初始时刻，密度较小的流体流速较大，而密度较大的流体流速较小；经过一段时间的演化后，不同密度值的流体流速渐渐恒定，大约为 1.6×10^{-5}，说明流体密度值的不同对稳定后的流场流速并无影响。稳定后的流场平均

流速和流体黏度、初速度以及数字岩心模型相关，与流体密度无关。

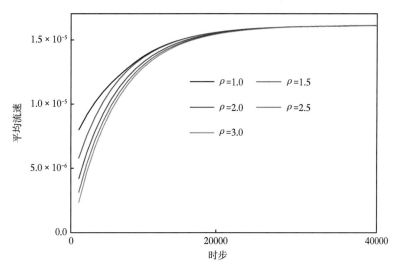

图 6-27　不同流体密度时流体平均流速变化

　　图 6-28 是流体密度取值不同时流场内压力变化，由于在格子 Boltzmann 方法中流体密度和流场压力直接相关，因此不同的流体密度值也导致了不同的流场压力。从图中曲线可以看出，流场压力随时间会略微增大，但基本保持恒定。

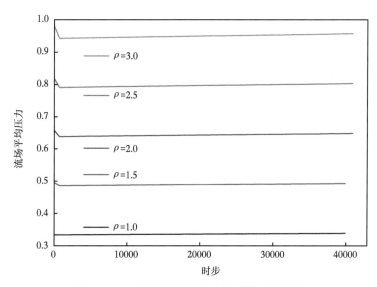

图 6-28　不同流体密度时流场平均压力变化

　　图 6-29 是不同流体密度时的稳态速度、稳态压力和收敛性比较。从图中可以看出，流体密度值增大，稳定后的流场压力和收敛时步都会增大，但流体平均流速变化很小，5个密度值的流体稳态流体流速大约为 1.6×10^{-5}，收敛时步为 41000 时步左右。

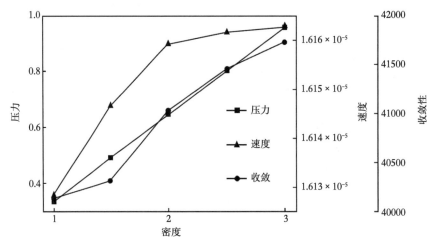

图 6-29　不同流体密度时的稳态速度、稳态压力和收敛性

第四节　页岩油储层岩石单相流体流动特征的 LBM 模拟分析

根据上面 20 个 REV 数字岩心单相流体流动影响因素的 LBM 模拟结果分析，在综合考虑数字岩心代表性和 LBM 模拟计算效率的基础上，基于已构建好的 10 个 500×500×500 的典型致密油储层岩石数字岩心，重点考虑孔喉尺度在微米、亚微米、纳米分布，结合其他微观孔隙结构参数的分布，在分析大量 REV 数字岩心的基础上，重新选取 5 个典型代表性的 REV 数字岩心，用于致密油储层岩石单相流体流动特征的 LBM 模拟计算分析。

一、计算单相流体流动的微观孔隙结构参数分析

为了研究致密油储层岩石微观孔隙结构参数对单相流体流动特征的影响规律，需要分析清楚所选取的 5 个代表性 REV 数字岩心的微观孔隙结构参数分布特征。5 个代表性 REV 数字岩心的编号分别为 2016-SR01 至 2016-SR05，下面具体分析这些数字岩心的微观孔隙结构参数分布特征。

（1）2016-SR01 数字岩心的微观参数分布特征。

图 6-30 给出了 2016-SR01 数字岩心的微观参数分布图。从分布图可以看出，2016-SR01 数字岩心的孔隙半径分布范围主要在 0~0.1μm，峰位分布在 0.02~0.04μm，峰值约为 0.19μm；喉道半径分布范围主要在 0~0.08μm，峰位在 0.01μm 左右，峰值约为 0.14μm；孔隙长度分布范围主要在 0~0.45μm，峰位在 0.02μm 左右，峰值约为 0.12μm；喉道长度分布范围主要在 0~0.35μm，峰位在 0.05μm 左右，峰值约为 0.1μm；孔喉总长度分布范围主要在 0~1μm，峰位在 0.25μm 左右，峰值约为 0.09μm；配位数分布范围主要在 0~8，峰位为 1 左右，峰值约为 0.3；孔隙形状因子分布范围主要在 0.015~0.05，峰位在 0.03 左右，峰值约为 0.1；喉道形状因子分布范围主要在 0.015~0.045，集中于 0.03 左右，峰值约为 0.12；孔喉比分布范围主要在 0~4，峰位在 2 左右，峰值约为 0.12。

（2）2016-SR02 数字岩心的微观参数分布特征。

图 6-31 给出了 2016-SR02 数字岩心的微观参数分布图。从分布图可以看出，2016-

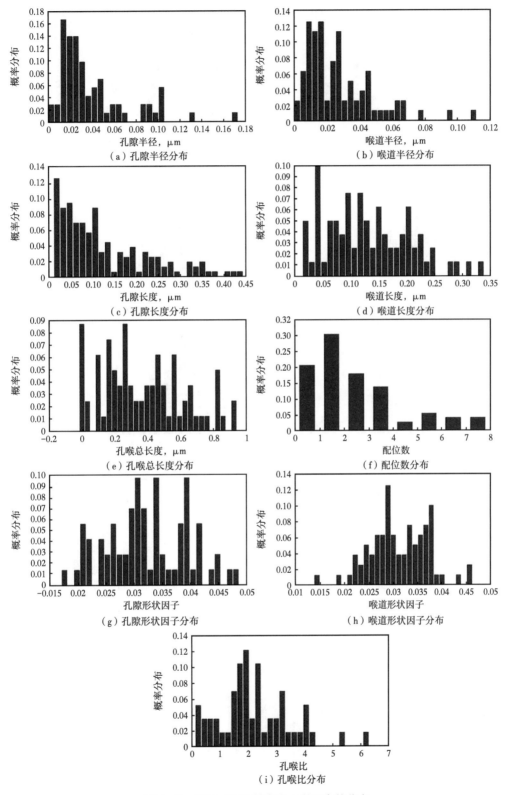

图 6-30　2016-SR01 数字岩心微观参数分布

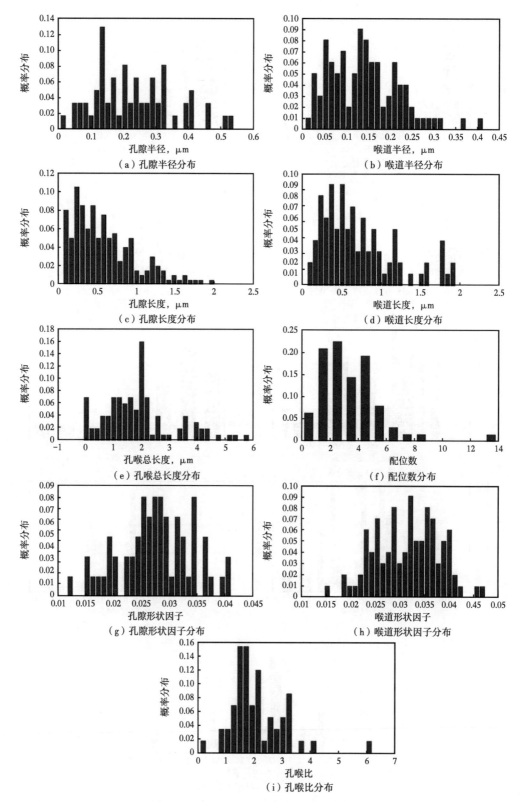

图 6-31　2016-SR02 数字岩心微观参数分布

SR02 数字岩心的孔隙半径范围分布主要在 0~0.6μm，峰位分布在 0.1~0.2μm，峰值约为 0.13μm；喉道半径分布范围主要在 0~0.4μm，峰位在 0.15μm 左右，峰值约为 0.09μm；孔隙长度分布范围主要在 0~2μm，峰位在 0.3μm 左右，峰值约为 0.11μm；喉道长度分布范围主要在 0~2μm，峰位在 0.5μm 左右，峰值约为 0.09μm；孔喉总长度分布范围主要在 0~6μm，峰位在 2μm 左右，峰值约为 0.17μm；配位数分布范围主要在 0~8，峰位在 2 左右，峰值约为 0.23；孔隙形状因子分布范围主要在 0.01~0.04，峰位在 0.03 左右，峰值约为 0.08；喉道形状因子分布范围主要在 0.15~0.05，集中于 0.03 左右，峰值约为 0.13；孔喉比分布范围主要在 0~4，峰位在 2 左右，峰值约为 0.16。

（3）2016-SR03 数字岩心的微观参数分布特征。

图 6-32 给出了 2016-SR03 数字岩心的微观参数分布图。从分布图可以看出，2016-SR03 数字岩心的孔隙半径分布范围主要在 0~3μm，峰位分布在 0.5μm 左右，峰值约为 0.17μm；喉道半径分布范围主要在 0~2μm，峰位在 0.4μm 左右，峰值约为 0.17μm；孔隙长度分布范围主要在 0~15μm，峰位在 1μm 左右，峰值约为 0.17μm；喉道长度分布范围主要在 0~10μm，峰位在 2μm 左右，峰值约为 0.11μm；孔喉总长度分布范围主要在 0~30μm，峰位在 15μm 左右，峰值约为 0.09μm；配位数分布范围主要在 0~8，峰位在 2 左右，峰值约为 0.24；孔隙形状因子分布范围主要在 0.01~0.05，峰位在 0.03 左右，峰值约为 0.1；喉道形状因子分布范围主要在 0.02~0.05，集中于 0.03 左右，峰值约为 0.12；孔喉比分布范围主要在 0~5，峰位在 2 左右，峰值约为 0.12μm。

（4）2016-SR04 数字岩心的微观参数分布特征。

图 6-33 给出了 2016-SR04 数字岩心的微观参数分布图。从分布图可以看出，2016-SR04 数字岩心的孔隙半径分布范围主要在 0~1μm，峰位分布在 0.3μm 左右，峰值约为 0.11μm；喉道半径分布范围主要在 0~0.8μm，峰位在 0.1μm 左右，峰值约为 0.13μm；孔隙长度分布范围主要在 0~3μm，峰位在 0.1μm 左右，峰值约为 0.09μm；喉道长度分布范围主要在 0~2.5μm，峰位在 1μm 左右，峰值约为 0.07μm；孔喉总长度分布范围主要在 0~8μm，峰位在 4μm 左右，峰值约为 0.085μm；配位数分布范围主要在 0~8，峰位在 1 左右，峰值约为 0.28；孔隙形状因子分布范围主要在 0.015~0.05，峰位在 0.03 左右，峰值约为 0.13；喉道形状因子分布范围主要在 0.02~0.05，集中于 0.03 左右，峰值约为 0.13；孔喉比分布范围主要在 0~5，峰位在 2 左右，峰值约为 0.12。

（5）2016-SR05 数字岩心的微观参数分布特征。

图 6-34 给出了 2016-SR05 数字岩心的微观参数分布图。从分布图可以看出，2016-SR05 数字岩心的孔隙半径分布范围主要在 0~1.5μm，峰位分布在 0.5μm 左右，峰值约为 0.14μm；喉道半径分布范围主要在 0~0.6μm，峰位在 0.2μm 左右，峰值约为 0.12μm；孔隙长度分布范围主要在 0~6μm，峰位在 1μm 左右，峰值约为 0.16μm；喉道长度分布范围主要在 0~5μm，峰位在 1.5μm 左右，峰值约为 0.09μm；孔喉总长度分布范围主要在 0~20μm，峰位在 5μm 左右，峰值约为 0.13μm；配位数分布范围主要在 0~6，峰位在 1 左右，峰值约为 0.28；孔隙形状因子分布范围主要在 0.015~0.05，峰位在 0.03 左右，峰值约为 0.14；喉道形状因子分布范围主要在 0.015~0.045，集中于 0.03 左右，峰值约为 0.09；孔喉比分布范围主要在 0~6，峰位在 2 左右，峰值约为 0.11μm。

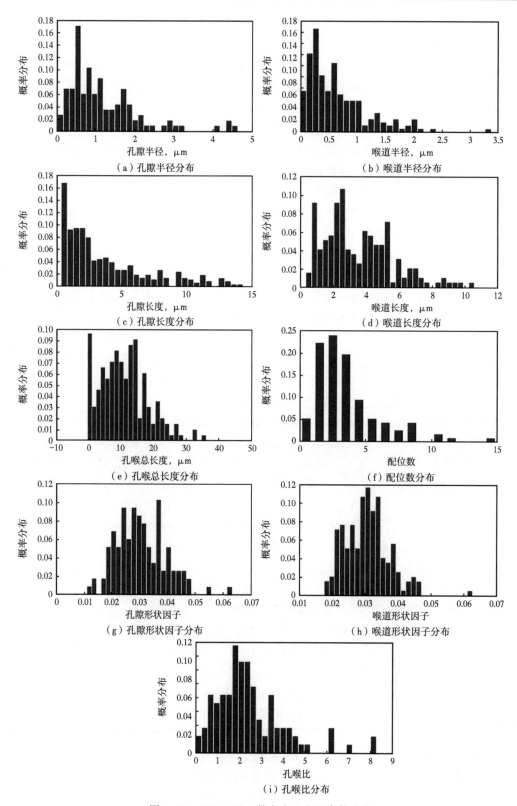

图 6-32　2016-SR03 数字岩心微观参数分布

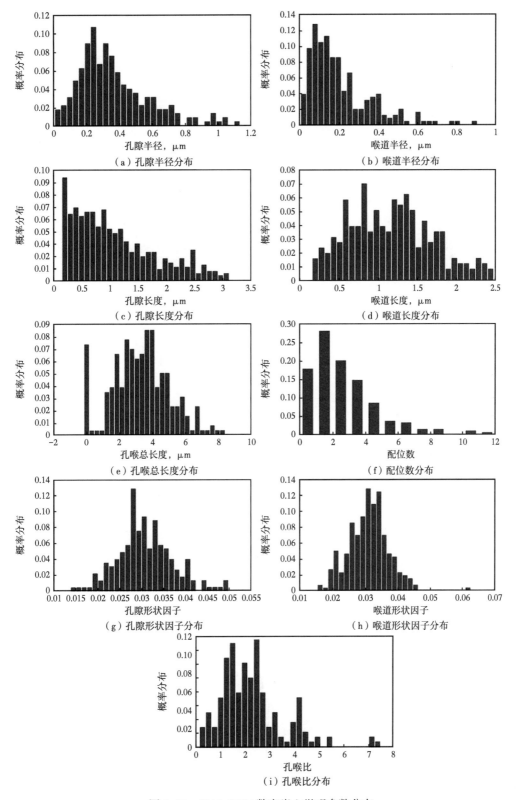

图 6-33　2016-SR04 数字岩心微观参数分布

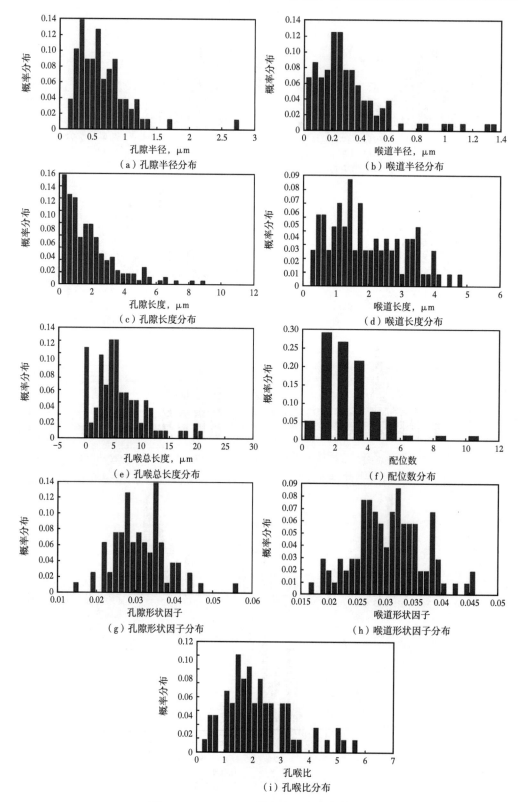

图 6-34   2016-SR05 数字岩心微观参数分布

（6）5 个 REV 数字岩心的微观孔隙结构参数统计。

表 6-7 给出了计算单相流体流动特征的 5 个 REV 数字岩心的微观孔隙结构参数统计数值。

表 6-7　计算单相流体流动的 REV 数字岩心微观孔隙结构参数统计

序号		1	2	3	4	5
岩心		2016-SR01	2016-SR02	2016-SR03	2016-SR04	2016-SR05
CT 体素		100×100×100	100×100×100	100×100×100	100×100×100	100×100×100
CT 分辨率		3.4	3.4	3.4	3.4	3.4
MCMC 分辨率		0.02	0.1	0.5	0.2	0.3
孔隙度,%		7.59	6.95	22.60	12.19	11.15
渗透率, mD		0.007	0.032	18.299	0.126	2.394
孔隙数目		72	62	117	224	79
喉道数目		80	99	197	257	104
孔隙半径 μm	最大值	0.17	0.53	4.54	1.12	2.72
	最小值	0	0.02	0.07	0.03	0.16
	平均值	0.04	0.23	1.16	0.37	0.64
喉道半径 μm	最大值	0.11	0.40	3.32	0.89	1.35
	最小值	0	0.01	0.05	0.02	0.03
	平均值	0.03	0.14	0.64	0.20	0.32
配位数	最大值	7	13	14	11	10
	最小值	0	0	0	0	0
	平均值	2.01	2.92	3.09	2.17	2.39
孔喉比	最大值	12.87	9.58	9.23	12.13	13.98
	最小值	0.23	0.20	0.14	0.28	0.30
	平均值	2.60	2.41	2.68	2.47	2.48
孔隙形状因子	最大值	0.0483	0.0406	0.0631	0.0495	0.0563
	最小值	0.0176	0.0122	0.0110	0.0143	0.0144
	平均值	0.0324	0.0276	0.0307	0.0309	0.0313
喉道形状因子	最大值	0.0460	0.0470	0.0625	0.0625	0.0457
	最小值	0.0142	0.0151	0.0178	0.0155	0.0168
	平均值	0.0313	0.0315	0.0306	0.0311	0.0307
孔隙长度 μm	最大值	0.61	3.01	19.29	4.93	13.98
	最小值	0.02	0.10	0.50	0.20	0.30
	平均值	0.14	0.64	3.96	1.13	2.21
喉道长度 μm	最大值	0.38	2.55	19.65	3.64	6.75
	最小值	0.02	0.10	0.50	0.20	0.30
	平均值	0.14	0.77	3.79	1.23	2.12

序号		1	2	3	4	5
孔喉总长度 μm	最大值	0.99	5.95	42.58	9.20	26.95
	最小值	0	0	0	0	0
	平均值	0.39	1.94	11.13	3.35	6.14
孔隙体积 μm³	最大值	8.1	10.6	4023.5	49.2	1344.8
	最小值	0.02	0.2	1.9	0.1	0.5
	平均值	0.9	1.0	218.7	3.7	34.6
喉道体积 μm³	最大值	0.5	1.3	347.9	18.6	48.2
	最小值	0.01	0.02	0.1	0.9	1.1
	平均值	0.1	0.1	13.4	0.5	2.6
孔隙半径特征值, μm		0.10	0.32	4.40	0.97	2.72
喉道半径特征值, μm		0.11	0.21	2.01	0.40	1.35

二、页岩油储层岩石单相流体流动的速度和压力

根据前面研究的致密油储层岩石单相流体流动的格子 Boltzmann 模拟方法，针对所选取的 5 个典型代表性 REV 数字岩心（编号为 2016-SR01 至 2016-SR05），采用格子 Boltzmann 方法中的 BGK 模型模拟计算三维数字岩心中的单相流体流动，离散速度模型为 D3Q19。在数字岩心单相流体流动 LBM 模拟计算中，流动方向沿着 x 方向；入口和出口采用恒定压差驱动边界条件，压力梯度的变化范围为 $0.05 \sim 1.84\text{MPa/m}$；其他边界采用反弹边界格式，流体介质为水；$x$, y, z 方向各划分 300 个格子。

图 6-35 是压力梯度为 0.5MPa/m 时数字岩心中速度分布立体图，反映不同数字岩心中孔隙结构不同，速度分布不同。图 6-36 是数字岩心中以 $x=1$, $x=150$, $x=299$ 三处位置上的速度云图为节点，绘制了流体沿 x 方向流动的流线。流线图能够从一定程度上反映出数字岩心内部的孔隙的曲折程度和连通性，突出数字岩心内流体集中通过的不同大小孔隙位置。

图 6-37 是压力梯度为时 0.5MPa/m 时数字岩心中 $z=150$ 处切面上的压力分布图，流体沿着方向流动，压力沿着 x 方向降低；也反映出 $z=150$ 处切面上的孔隙分布状态。

三、页岩油储层岩石单相渗流的非线性特征分析

基于致密油储层岩石的 5 个典型代表 REV 数字岩心，压力梯度的变化范围为 $0.05 \sim 1.84\text{MPa/m}$，选取 7 个不同压力梯度，开展单相流体流动的 LBM 模拟。对于每个数字岩心，在每个不同压力梯度下，统计流动稳定状态下的出口速度，换算成渗流速度，做出渗流速度与压力梯度的关系曲线。图 6-38 为 5 块 REV 数字岩心的渗流速度与压力梯度关系曲线。

从图 6-38 可知，所得渗流曲线均具有典型的非达西渗流特征。在低渗流速度下，渗流曲线呈现明显的非线性关系；随着渗流速度的提高，曲线由非线性关系过渡到线性关系，但是这一线性关系不通过坐标原点，即不符合达西线性渗流关系。同一种性质的流体在不同多孔介质中表现出不同的渗流特征，这充分说明了多孔介质的孔隙结构特征起着决定作用。

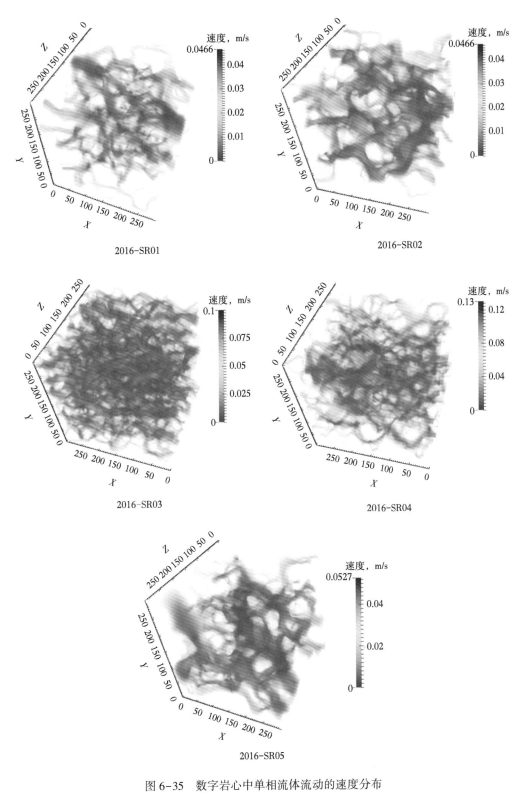

图 6-35 数字岩心中单相流体流动的速度分布

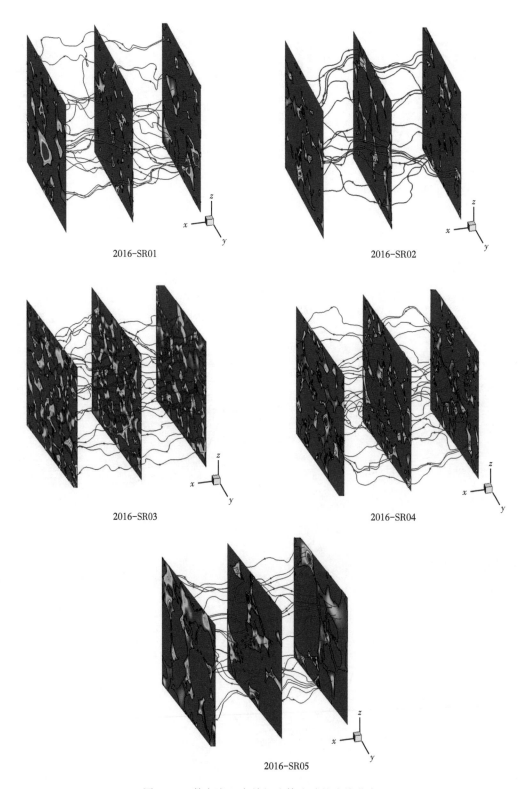

图 6-36　数字岩心中单相流体流动的流线分布

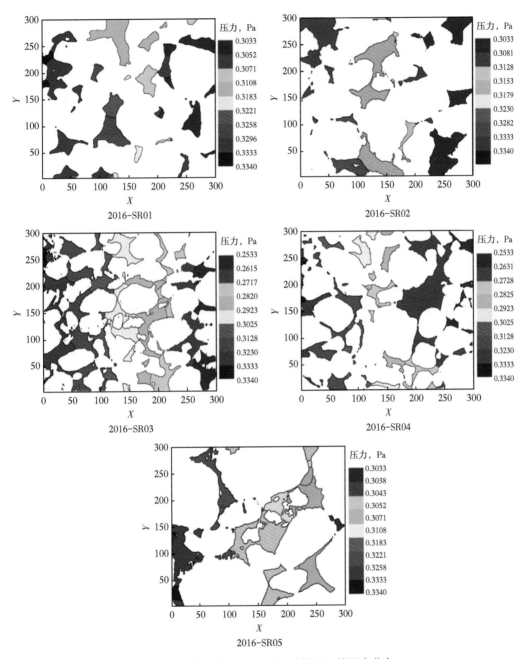

图 6-37　数字岩心中 $Z=150$ 处切面上的压力分布

　　致密油储层数字岩心孔隙系统是由不同大小的孔隙"连通的"喉道所组成更复杂的孔喉网络，孔隙喉道半径细小，平均孔喉半径在几十纳米范围内。流体在细小的孔喉网络流动时，流动形态的变化会导致渗流阻力的增大，当驱动压力小、低速渗流时流体渗流规律不遵循达西定律，具有非线性渗流特征。再加上致密油储层岩心的微观孔隙结构复杂、比表面积高、细小孔喉作用强，从而引发强烈的界面效应。根据流体与固体之间界面作用的边界层理论，由于致密油储层岩心的孔隙系统基本上是由微小孔隙组成的，所以流体与固

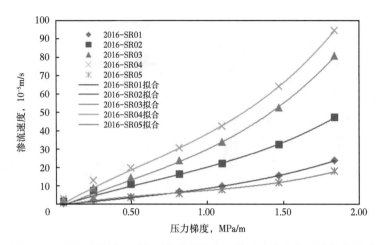

图 6-38　致密油储层岩石典型代表数字岩心的渗流速度与压力梯度关系

体之间的界面张力影响显著，在流动过程出现不可忽视的阻力。只有当驱动压力梯度大于界面张力时，该孔道中的流体才开始流动。固液界面相互作用对流体渗流的影响随孔隙半径增大而单调递减。当孔隙半径减小到某个值以后，固液界面相互作用的影响变成较大的值，以至产生不可忽略的渗流阻力，从而流体渗流出现非线性特征。

第五节　页岩油储层岩石单相流体渗流模式分析

一、页岩油储层岩石单相渗流数学模型

根据边界层理论，考虑固液相互作用的影响，固液边界层使孔喉有效渗流半径发生变化，进而影响了流速的变化规律。采用毛细管模型和边界层理论，可推导出微纳孔隙介质的流体渗流速度与压力梯度具有三次函数关系。因此，采用式（6-4）的三次函数形式，拟合图 6-38 所示的渗流速度与压力梯度关系的 LBM 模拟数据：

$$v = A\nabla p^3 + B\nabla p^2 + C\nabla p + D \qquad (6-4)$$

式中，v 为渗流速度，10^{-5}m/s；∇p 为压力梯度，MPa/m；A，B，C，D 分别为拟合参数，对 5 个 REV 数字岩心的 LBM 模拟结果拟合，拟合结果见表 6-8。拟合函数关系式中三次项和二次项均表征边界层对渗流的影响，一次项表征黏滞阻力的影响，常数项表征启动压力梯度的影响。从表 6-8 可知，拟合参数 D 均小于 0，说明流体在岩心中的渗流存在实际意义上的启动压力梯度。

表 6-8　5 块 REV 数字岩心的渗流速度与压力梯度关系的拟合参数

序号	数字岩心	拟合公式 $(x—\nabla p，y—v)$	A	B	C	D	相关系数
1	2016-SR01	$y = 2.1257x^3 - 1.1911x^2$ $+ 8.1647x - 0.60634$	2.126	-1.191	8.165	-0.606	0.998

续表

序号	数字岩心	拟合公式 $(x—\nabla p, y—v)$	A	B	C	D	相关系数
2	2016-SR02	$y = 5.6859x^3 - 10.391x^2$ $+ 26.367x - 1.6665$	5.686	-10.391	26.367	-1.666	0.996
3	2016-SR03	$y = 9.2424x^3 - 10.89x^2$ $+ 33.637x - 2.2588$	9.242	-10.890	33.637	-2.259	0.998
4	2016-SR04	$y = 12.14x^3 - 19.844x^2$ $+ 47.882x - 2.0846$	12.140	-19.844	47.882	-2.085	0.999
5	2016-SR05	$y = 4.2914x^3 - 10.248x^2$ $+ 14.62x - 1.2239$	4.291	-10.248	14.620	-1.224	0.988

二、单相渗流数学模型拟合参数与孔隙结构参数关系分析

为了研究致密油储层岩石微观孔隙结构参数与非线性渗流模型的关系，选取影响渗流数学模型拟合参数的主要微观参数，在渗流速度与压力梯度拟合关系的基础上，分析了孔隙半径、喉道半径、配位数、孔喉比、形状因子、孔隙长度、喉道长度、孔喉总长度等 9 个微观孔隙结构参数与非线性渗流数学模型拟合参数 A，B，C，D 的关系。表 6-9 给出 5 个 REV 数字岩心主要微观孔隙结构参数的统计平均值。

表 6-9　5 块 REV 数字岩心主要微观孔隙结构参数统计平均值

微观孔隙结构参数	数字岩心编号				
	2016-SR01	2016-SR02	2016-SR03	2016-SR04	2016-SR05
孔隙半径，μm	0.041	0.232	1.159	0.369	0.642
喉道半径，μm	0.028	0.141	0.641	0.204	0.322
配位数	2.01	2.92	3.09	2.17	2.39
孔喉比	2.60	2.41	2.68	2.47	2.48
孔隙形状因子	0.0324	0.0276	0.0307	0.0309	0.0313
喉道形状因子	0.0313	0.0315	0.0306	0.0311	0.0307
孔隙长度，μm	0.14	0.64	3.96	1.13	2.21
喉道长度，μm	0.14	0.77	3.79	1.23	2.12
孔喉总长度，μm	0.39	1.94	11.13	3.35	6.14

（1）拟合参数与孔隙半径关系的分析。

拟合参数 A，B，C，D 与孔隙半径的关系如图 6-39 所示。根据图 6-39 通过相关性分析可知，在 4 个拟合参数中 A 与孔隙半径之间的相关系数 $R^2 = 0.7801$，相关性最好。因此孔隙半径是影响 A 主要因素。

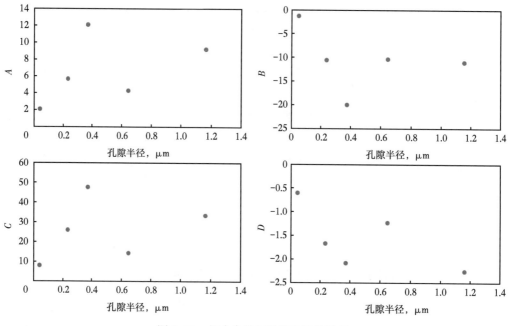

图 6-39　拟合参数与孔隙半径的关系

（2）拟合参数与喉道半径关系的分析。

拟合参数 A，B，C，D 与喉道半径的关系如图 6-40 所示。根据图 6-40 通过相关性分析可知，在 4 个拟合参数中 D 与喉道半径之间的相关系数 $R^2 = 0.6397$，相关性最好，因此可认为喉道半径是影响 D 的主要因素。

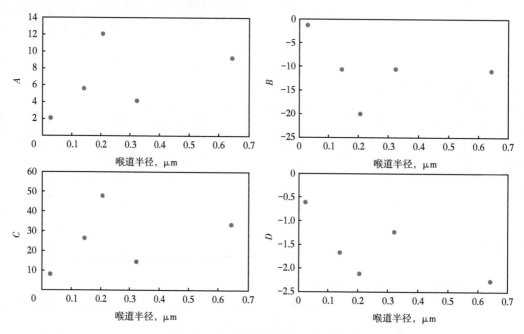

图 6-40　拟合参数与喉道半径的关系

（3）拟合参数与配位数关系的分析。

拟合参数 A，B，C，D 与配位数的关系如图 6-41 所示。根据图 6-41 通过相关性分析可知，4 个拟合参数与配位数之间的相关性均较差，因此可认为配位数对 4 个拟合参数影响较小。

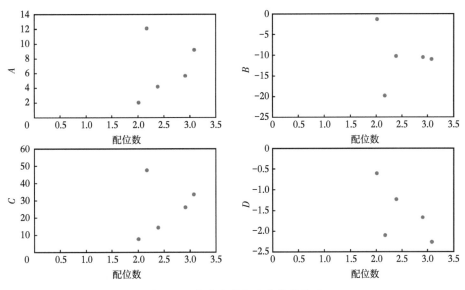

图 6-41　拟合参数与配位数的关系

（4）拟合参数与孔喉比关系的分析。

拟合参数 A，B，C，D 与孔喉比的关系如图 6-42 所示。根据图 6-42 通过相关性分析可知，4 个拟合参数与孔喉比之间的相关性均较差，因此可认为孔喉比对 4 个拟合参数影响较小。

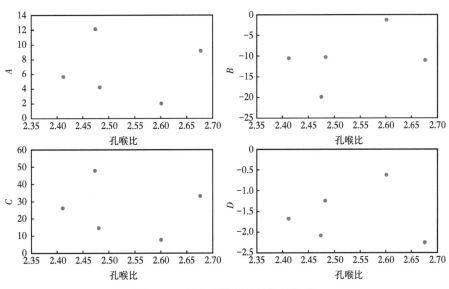

图 6-42　拟合参数与孔喉比的关系

（5）拟合参数与孔隙形状因子关系的分析。

拟合参数 A，B，C，D 与孔隙形状因子的关系如图 6-43 所示。根据图 6-43 通过相关性分析可知，4 个拟合参数与孔隙形状因子之间的相关性均较差，因此可认为孔隙形状因子不是影响 4 个拟合参数的主要因素。

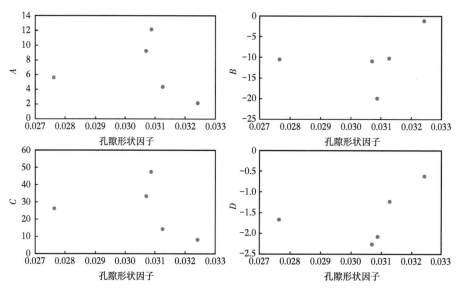

图 6-43　拟合参数与孔隙形状因子的关系

（6）拟合参数与喉道形状因子关系的分析。

拟合参数 A，B，C，D 与喉道形状因子的关系如图 6-44。根据图 6-44 通过相关性分析可知，4 个拟合参数与喉道形状因子之间的相关性均较差，因此可认为喉道形状因子对 4 个拟合参数影响较小。

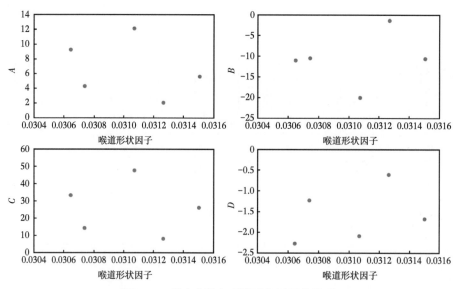

图 6-44　拟合参数与喉道形状因子的关系

（7）拟合参数与孔隙长度关系的分析。

拟合参数 A，B，C，D 与孔隙长度的关系如图 6-45 所示。根据图 6-45 通过相关性分析可知，B 与孔隙长度之间的相关系数 $R^2 = 0.7697$，相关性最好。因此，B 可表征为孔隙长度的函数。

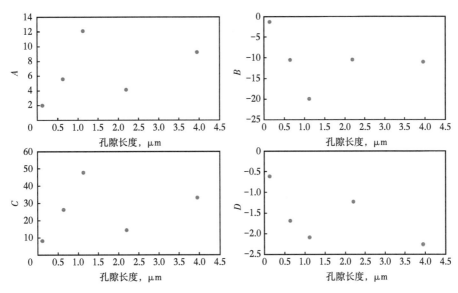

图 6-45　拟合参数与孔隙长度的关系

（8）拟合参数与喉道长度关系的分析。

拟合参数 A、B、C、D 与喉道长度的关系如图 6-46 所示。根据图 6-46 通过相关性分析可知，4 个拟合参数与喉道长度之间的相关性均较差，因此可认为喉道长度对 4 个拟合参数影响较小。

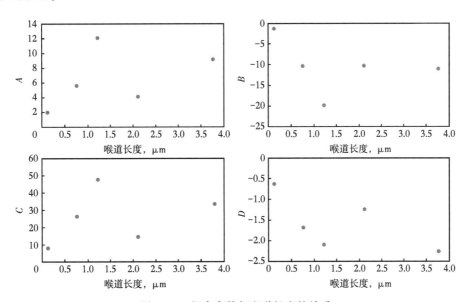

图 6-46　拟合参数与喉道长度的关系

（9）拟合参数与孔喉总长度关系的分析。

拟合参数 A，B，C，D 与孔喉总长度的关系如图6-47所示。根据图6-47通过相关性分析可知，C 与之间的相关系数 $R^2=0.7801$，相关性最好。因此，C 可表征为孔喉总长度的函数。

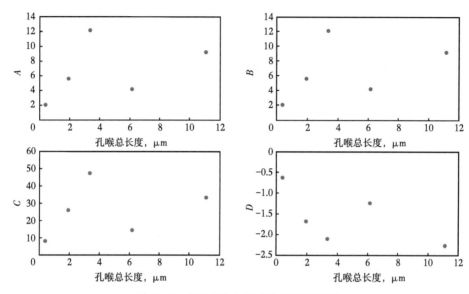

图6-47　拟合参数与孔喉总长度的关系

三、页岩油储层岩石单相渗流模式的孔隙结构参数表征分析

根据上述分析可知，致密油储层岩石单相渗流数学模型中拟合参数 A 的主要影响因素为孔隙半径，B 的主要影响因素为孔隙长度，C 的主要影响因素为孔喉总长度，D 的主要影响因素为喉道半径，各拟合参数与主要影响微观参数的关系如图6-48至图6-51所示，具体拟合公式如下所示：

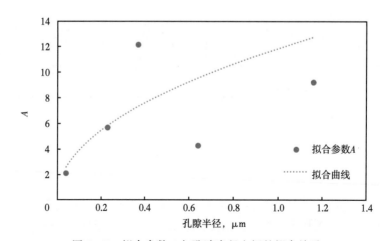

图6-48　拟合参数 A 与孔隙半径之间的拟合关系

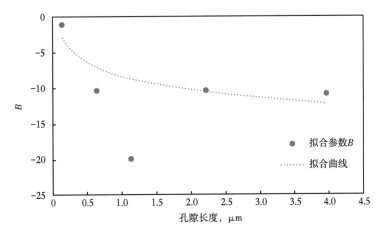

图 6-49　拟合参数 *B* 与孔隙长度之间的拟合关系

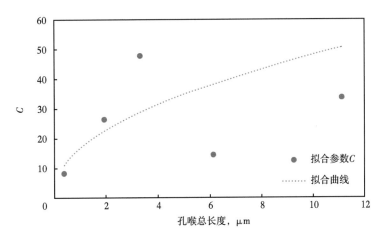

图 6-50　拟合参数 *C* 与孔喉总长度之间的拟合关系

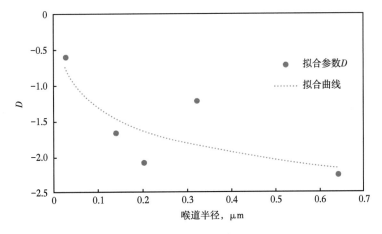

图 6-51　拟合参数 *D* 与喉道半径之间的拟合关系

$$A(r_{\mathrm{p}}) = 11.864r_{\mathrm{p}}^{0.486} \qquad (R^2 = 0.7801) \qquad (6\text{-}5)$$

$$B(L_{\mathrm{p}}) = 2.752\ln L_{\mathrm{p}} - 8.3574 \qquad (R^2 = 0.7697) \qquad (6\text{-}6)$$

$$C(L) = 16.523L^{0.4621} \qquad (R^2 = 0.7087) \qquad (6\text{-}7)$$

$$D(r_{\mathrm{t}}) = -0.455\ln r_{\mathrm{t}} - 2.360 \qquad (R^2 = 0.6397) \qquad (6\text{-}8)$$

因此，结合式（6-4）至式（6-8），可推导出与微观孔隙结构参数相关的致密油储层岩石单相渗流模式：

$$\begin{aligned} v = {} & 11.864r_{\mathrm{p}}^{0.486} \times \nabla p^3 + (2.753\ln L_{\mathrm{p}} - 8.3574) \times \nabla p^2 \\ & + 16.523L^{0.4621} \times \nabla p - 0.455\ln r_{\mathrm{t}} - 2.360 \qquad (6\text{-}9) \end{aligned}$$

式中，v 为渗流速度，$10^{-5}\mathrm{m/s}$；∇p 为压力梯度，$\mathrm{MPa/m}$；r_{p} 为孔隙半径平均值，$\mu\mathrm{m}$；r_{t} 为喉道半径平均值，$\mu\mathrm{m}$；L_{p} 为孔隙长度平均值，$\mu\mathrm{m}$；L 为孔喉总长度，$\mu\mathrm{m}$。

致密油储层岩石单相渗流模式 [式（6-9）]，反映了孔隙半径、孔隙长度、孔喉总长度、喉道半径等微观孔隙结构参数对单相流体流动规律的影响，因此建立起了与微观孔隙结构参数相关的致密油储层岩石单相渗流模式。

第七章　页岩油储层岩石油水两相流动与剩余油分布特征研究

在致密油储层岩石单相流体流动 LBM 模拟分析的基础上，为认识致密油储层岩石中油水两相流体流动的特征，采用格子 Boltzmann 方法中的伪势模型，研究了数字岩心中油水两相流体的流动规律。在单一孔隙中通过 LBM 模拟研究了油水两相流体流动的指进现象，探讨了孔隙大小、驱替速度、流体黏度等因素对指进现象的影响。基于致密油储层岩石的 CT 扫描图像，建立了二维多孔介质数字岩心模型，通过 LBM 模拟研究了油水两相流体流动现象，讨论了界面张力和润湿性对两相界面的影响，并探讨了驱替外力、流体黏度和流体密度等因素对两油水相驱替效率的影响。在致密油储层岩石典型三维数字岩心的基础上，通过 LBM 模拟研究了油水两相流体流动的剩余油分布分布特征，讨论了致密油储层岩心微观孔隙结构参数对剩余油分布的影响，分析了不同尺度孔隙中驱油特征、可波及孔隙尺度范围和原油动用程度。通过研究结果的综合分析，全面总结致密油储层岩石中的原油动用规律和剩余油分布特征。

第一节　单一孔隙中两相流体流动指进现象的 LBM 模拟分析

单一孔隙是致密油储层岩石多孔介质的最简化模型，在 LBM 模拟单一孔隙中的两相流体流动时，应在流场中合理分布两相流体，如图 7-1 所示，流场中红色区域和蓝色区域中两组分流体的密度设置不同。

图 7-1　单一孔隙两相流体流动初始状态示意图

在整个流场区域（红色区域和蓝色区域）中，既布满了驱替相流体，又布满了被驱替相流体，但是两相流体在不同区域上的密度分布不同。红色区域中，驱替相流体的密度为 ρ_{dominant}，被驱替相流体密度为 $\rho_{\text{dissolved}}$；蓝色区域中，驱替相流体密度为 $\rho_{\text{dissolved}}$，被驱替相流体密度为 ρ_{dominant}。顾名思义，红色区域中驱替相流体密度为主导密度，被驱替相流体密度为溶解密度，蓝色区域中被驱替相流体密度为主导密度，驱替相流体密度为溶解密度，即可理解为是另一相溶解在主导相流体中的密度。主导密度和溶解密度相差很大，可分别取值为 1.0 和 0.06。之所以这样设置，是因为对伪势模型来说，两相流体有各自的密度分布函数和分布函数演化方程，整个流场同时是两种流体的流动区域。两相流体粒子除了自身的碰撞迁移外，两相粒子之间也存在相互作用，这种相互作用由于主导密度和溶解密度的存在和取值，在两相交界面上会很强，而在其他区域中则会很弱。下文中提到的密度都是主导密度 ρ_{dominant}。

在 LBM 模拟两相流体时，左边界为入口边界，右边界为出口边界，入口边界设置速度边界，出口边界强制平衡态分布，上下边界设置标准反弹格式。通过 LBM 模拟计算两相流体的流动状态，研究孔隙大小、初始速度和两相黏度比对两相流体流动指进现象的影响。

一、孔隙宽度对两相流体流动指进现象的影响

单一孔隙长度为 500，宽度分别为 250，100（1μm）和 25，初始速度为 0.01，两相黏度比为 1，模拟研究单一孔隙宽度对两相流体流动指进现象的影响（为了阐述方便，没有特别说明，均为格子单位）。

表 7-1 是不同孔隙宽度下的驱替完成情况。从表中驱替相到达出口时步可以看出，驱替相到达出口的时间与孔隙宽度关系不大，孔隙宽度为 100 和 250 时驱替相到达出口的时步均为 6400，孔隙宽度为 25 时驱替相到达出口的时步为 6800，不难推断出，驱替相到达出口的时间决定于孔隙长度，而与孔隙宽度无关。从表 7-1 三种情况下的驱替完成时步可以看出，孔隙宽度越小，即孔隙面积越小，驱替完成越快；从三种孔隙宽度情况下的驱替完成时步可以看出，驱替完成的时间与孔隙宽度并无明显的关系，说明驱替完成的快慢不仅受孔隙宽度的影响，还受其他因素的影响。

表 7-1　不同孔隙宽度时的驱替完成情况

孔隙宽度	驱替相到达出口时步	驱替完成时步
25	6800	13200
100	6400	22000
250	6400	29800

图 7-2 是单一孔隙中两相流体流动指进现象的示意图。图中给出了指进长度 L，指进尾端 T 和指进前缘 F 三个量，其中指进长度为指进前缘和指进尾端之间的距离。图 7-3 是孔隙宽度分别为 25，100 和 250 时的指进长度随时步变化曲线。三条曲线的变化趋势基本一致，孔隙长度为 25，100 和 250 的三种情况中指进长度都是随时间越来越长，不同的

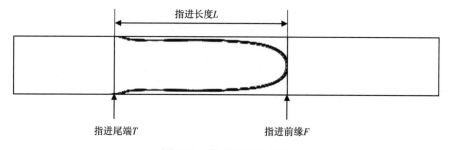

图 7-2　指进现象示意图

是，从驱替开始到完成，孔隙宽度为 25 时相比其他两种情况指进长度较短，而孔隙宽度为 100 时的指进长度比同一时刻下孔隙宽度为 250 时稍大，这是因为相对于孔隙长度较大的孔隙宽度会使指进现象随之变宽变短，两相流体流动的孔隙效应变弱，指进现象不再明显。

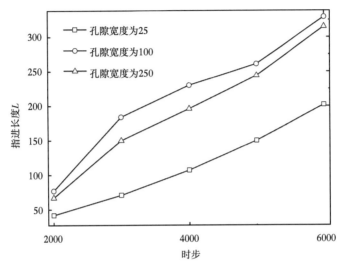

图 7-3　不同孔隙宽度下的指进长度变化对比

图 7-4 是孔隙宽度分别为 25，100 和 250 时指进尾端位置随时步变化曲线。

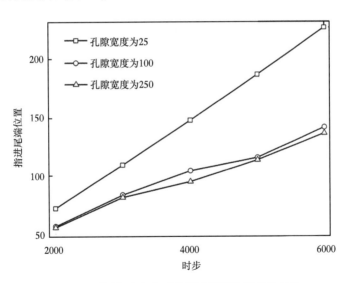

图 7-4　不同孔隙宽度下的指进尾端位置变化对比

从图 7-4 三条曲线的变化趋势可以看出，指进尾端位置随时步增长基本呈线性增大；孔隙宽度为 25 时的曲线与孔隙宽度为 100 和 250 时的曲线相差较大，后两者差距极小，说明在孔隙宽度为 250 时，孔隙的上下壁面对两相流体流动已影响不大；孔隙宽度越小，曲线斜率越大，指进尾端前进越快。

二、初始速度对两相流体流动指进现象的影响

单一孔隙的长宽分别为500×67，两相黏度比为1，取不同的初速度值0.01，0.005和0.001，研究不同初速度条件下两相流体流动的指进现象。表7-2是不同初速度条件下的驱替情况。从表中可以看出，驱替相到达出口的时间随初速度的减小而增大，驱替完成的时间也随着初速度的减小而增大。实际两相流体流动的过程中，在条件允许的情况下，选取尽可能大的初速度值可以加快驱替速度。

表7-2　不同初速度条件下的驱替情况

初速度	驱替相到达出口时步	驱替完成时步
0.01	6400	18600
0.005	6800	22400
0.001	7400	23600

图7-5是初速度分别为0.01，0.005和0.001时两相流体流动指进长度随时间的变化，其中初速度值指的是格子单位下的初速度。

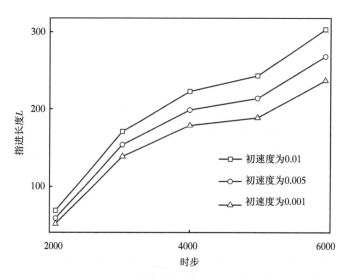

图7-5　不同初速度下的指进长度变化对比

从图7-5中可以看出，三条曲线的变化与图7-4中不同孔隙宽度下的三条曲线变化相似。首先，指进长度都是随着时间增长越来越大；对于不同的初速度，初速度值越大的在同一时刻下的指进长度越长，初速度小则指进长度小；在驱替的初始时刻，不同初速度值下的指进长度差距较小，随着时间增长，不同初速度值的指进长度差距逐渐变大，即初速度越大，指进长度增大越快。

图7-6是初速度分别为0.01，0.005和0.001时两相流体流动指进尾端位置随时间的变化。从三条曲线的变化可以看出，指进尾端位置随时间基本呈线性增长，且同一时刻不同初速度下的指进尾端位置差距不大；初速度越大，指进尾端位置越靠前，反之，指进尾端位置值越小。对比图7-5和图7-6可知，初速度对两相流体流动中指进长度影响较大，

194

而对指进位置影响较小；与不同孔隙宽度的结果对比可知，不同孔隙宽度主要影响指进位置的变化，而对指进长度影响不大。

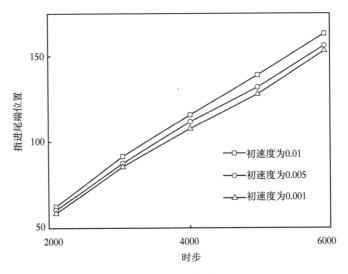

图 7-6　不同初速度下的指进尾端位置变化对比

三、流体黏度对两相流体流动指进现象的影响

单一孔隙的长宽分别为 500×50，两相流体驱替的初速度为 0.01，两相黏度比分别为 1.0，1.5 和 2.0，模拟研究不同黏度比对两相流体流动指进现象的影响。表 7-3 是不同两相黏度比取值时的两相流体流动情况。从表中驱替相到达出口时间和驱替完成时间可以看出，两相流体的黏度比为 2.0 时，驱替速度最快，驱替完成时间最短。而两相流体黏度比为 1.5 和 1.0 时的流体驱替速度相对较慢。可以看出，增大两相黏度比能够加快驱替速度。图 7-7 和图 7-8 分别是不同黏度比下两相流体流动指进长度变化和指进尾端位置变

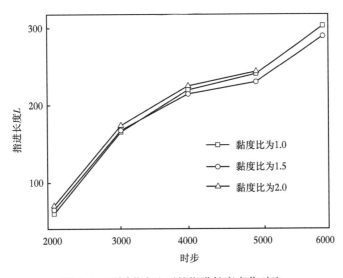

图 7-7　不同黏度比下的指进长度变化对比

化。图 7-7 中两相黏度比为 2.0 时，由于驱替相在 5800 时步已经达到孔隙出口，因而无法得知在 6000 时步时指进长度的值。

从图 7-7 中三条曲线的变化可以看出，在驱替的初始时刻，两相黏度比越大，指进长度越长，但这种趋势并不能保持到驱替完成；在驱替过程后期，黏度比较小者指进长度变长。而在图 7-8 中，不同黏度比取值情况下，指进尾端位置随时间增长基本呈线性增大；且黏度比越大，曲线斜率越大，驱替速度越快。

表 7-3　不同黏度比条件下的驱替情况

两相黏度比	驱替相到达出口时步	驱替完成时步
1.0	6400	18600
1.5	6200	16400
2.0	5800	14000

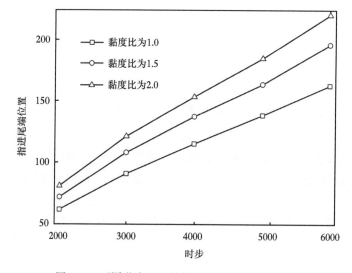

图 7-8　不同黏度比下的指进尾端位置变化对比

图 7-9 给出了黏度比为 1.5 时不同时步下的两相流体流动状态图。图中红色部分为驱替相流体，蓝色部分为被驱替相流体。9 幅图片中记录了从 400 时步到 16400 时步的驱替状态变化，在 2000 时步之前，指进现象还不明显，2000 时步后产生明显的指进现象，对比各图可以看出，随着时间的推移，指进长度越来越长，在驱替前缘到达出口时，指进长度已占据流场长度的一半。驱替完成于 16400 时步，此时，流场完全被红色驱替相占据。

图 7-9 中以不同的颜色表示两相流体，其中颜色的不同表示流体密度的不同。图中所示 9 种状态是以驱替相（红色）为主显示的，被驱替相在 9 幅图中基本呈蓝色不变，而驱替相在驱替过程中指进前缘颜色会变浅，出现黄色。这就意味着，在以伪势模型为基础模拟两相流时，由于两相流体粒子相互作用的存在，两相交界面附近的两相流体密度分布函数会因流体粒子间的相互作用而变小，即流体密度变小，这些减少的流体密度会补充在距离两相交界面较远处。因而从图中可以观察到表示驱替相的颜色发生微小变化。若以被驱替相（蓝色）为主显示两相的驱替状态，则会出现类似的效果。

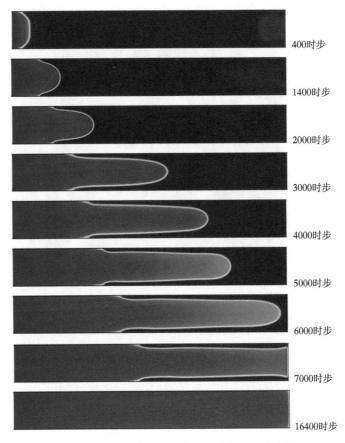

图 7-9 黏度比为 1.5 时的两相流体流动状态图

综上所述，增大两相流体流动初速度、增大两相黏度比都会加快驱替速度。在改变单一孔隙的宽度、两相流体流动初速度和两相黏度比三种条件中，孔隙宽度和黏度比会明显影响驱替过程中指进现象的位置和快慢，而驱替初速度则会明显影响指进长度。

第二节 两相流体流动现象的 LBM 模拟分析

多相流伪势模型又称为 Shan-Chen 模型，根据模型中流体组分的多寡，分为单组分多相流模型和多组分多相流模型。选取致密油储层岩石的 CT 扫描图像，建立二维多孔介质数字岩心模型，通过 LBM 模拟研究了油水两相流体流动现象，讨论了界面张力和润湿性对两相界面的影响，并探讨了驱替外力、流体黏度和流体密度等因素对两油水相驱替效率的影响。

在二维多孔介质数字岩心中两相流体流动 LBM 模拟时，通过添加流体驱替方向（x 方向）的外力作为驱动力，上下边界和数字岩心内边界采用反弹格式边界。采用的多孔介质数字岩心模型如图 7-10 所示，白色部分为孔隙，大小为 300×300（格子单位）。

图 7-10　二维多孔介质数字岩心模型

一、界面张力和润湿性对两相流体流动界面的影响分析

在 Shan—Chen 模型中，相互作用参数 G_c 控制两相流体之间以及流体与固体之间的相互作用，因此相互作用参数 G_c 反映了界面张力和润湿性的影响。在数字岩心多相流 LBM 模拟中，相互作用参数 G_c 对多相流模拟的稳定性和图像可视化效果影响很大，需要合理调整 G_c 参数的取值。在 LBM 模拟中应在保持程序稳定性的条件下尽量选择较大的 G_c 值，G_c 较大能够使两相交界面更加细锐清晰，而且 G_c 值表示两相的相互作用，其值大则两相相互作用强，两相的相互"溶解量"减少；当 G_c 值较小时，数值模拟的稳定性提高，而且流体的可压缩性降低。反之，较大的 G_c 值会导致模拟的不稳定性，较小的 G_c 值会导致两相交界面变宽、变模糊。

在二维数字岩心两相流体流动 LBM 模拟中，取两个不同的 G_c 值，其他参数保持一致，对比不同 G_c 值下的驱替效果。图 7-11 中 A 组和 B 组分别为 G_c 值取 1.5 和 1.0 时的驱替过程图，图中红色部分和蓝色部分分别为两相流体，深蓝色部分表示固体，每幅图中像素点上的色值根据此点上的流体密度值确定。

A 组和 B 组均取驱替过程中 100000 时步以内的 15 幅图，可以看出，A 组图片中两相流体交界面清晰易捕捉，B 组图片中两相流体交界面从红色到蓝色颜色发生渐变，难以确定真实流体界面的位置；同时可以看出，当 G_c 值取 1.5 时的驱替过程中在孔隙死角处易残留被驱替相，而 G_c 值取 1.0 时由于两相流体的相互"溶解量"增大，使得驱替相占据了原本为残留相的位置。G_c 取值的不同会影响驱替效果。

图 7-12 中两幅图分别是 G_c 取值 1.5 和 1.0 时 40000 时步下不同位置处的驱替相流体密度变化曲线。

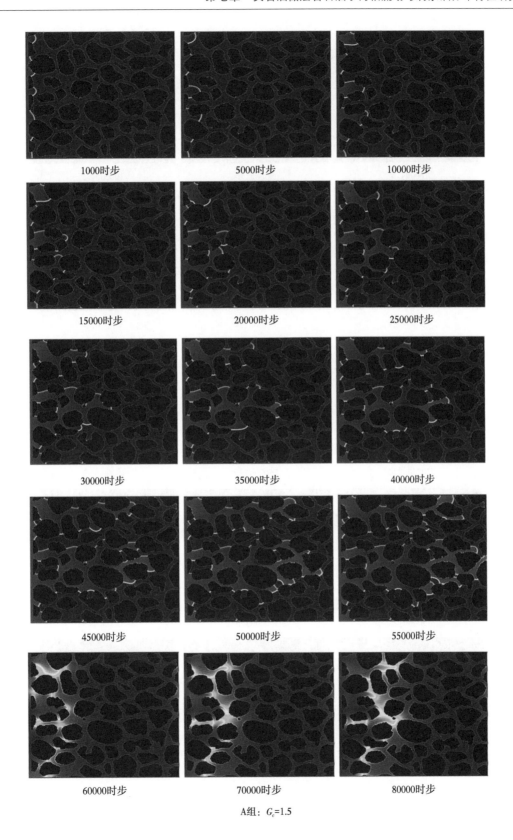

1000时步	5000时步	10000时步
15000时步	20000时步	25000时步
30000时步	35000时步	40000时步
45000时步	50000时步	55000时步
60000时步	70000时步	80000时步

A组：G_c=1.5

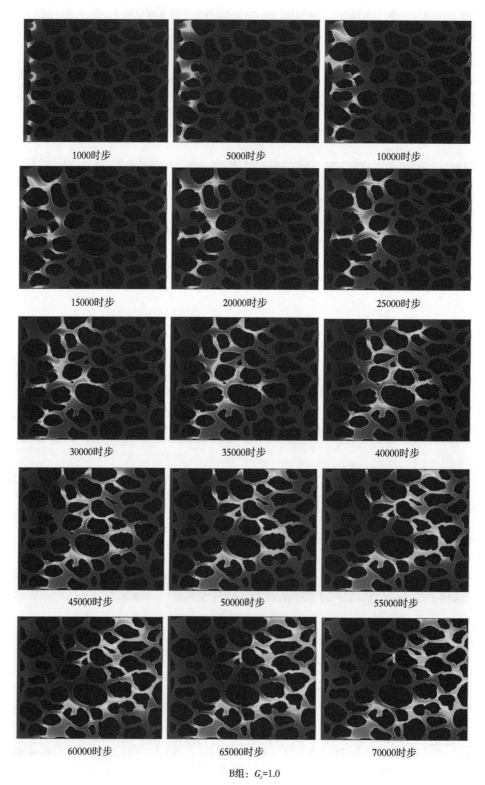

1000时步　　　5000时步　　　10000时步

15000时步　　　20000时步　　　25000时步

30000时步　　　35000时步　　　40000时步

45000时步　　　50000时步　　　55000时步

60000时步　　　65000时步　　　70000时步

B组：G_c=1.0

图 7-11　G_c 取值 1.5（A 组）和 1.0（B 组）时的驱替效果图

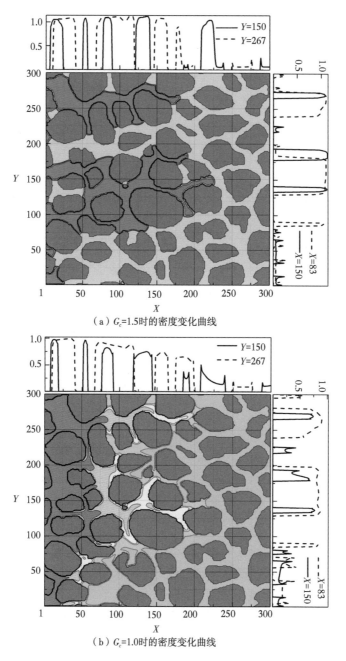

（a）G_c=1.5时的密度变化曲线

（b）G_c=1.0时的密度变化曲线

图7-12　G_c=1.5和1.0，ts=40000时不同位置处的驱替相流体密度变化

二、驱替外力对两相流体流动的影响

在二维多孔介质数字岩心模型的两相流体流动模拟中，采用施加外力的方式为流体流动添加驱动力。外力作用于驱替相流体上，二维数字岩心模型的上下边界采用反弹格式边界，右边出口边界使流体自然流出。模拟中两相流体的黏度比和密度比均为1.0，驱替相

添加外力 $5.0×10^{-5}$，$1.0×10^{-4}$ 和 $5.0×10^{-4}$。

表 7-4 为模拟中两相流体参数设置。图 7-13 为不同外力下的驱替相占孔隙体积百分比随时间的变化曲线，时步变化从初始时刻到 70000 时步。

表 7-4　模拟中两相流体参数设置

驱替相外力	驱替相 ω_1	被驱替相 ω_2	驱替相 ρ_1	被驱替相 ρ_2
$5.0×10^{-5}$	1.0	1.0	1.0	1.0
$1.0×10^{-4}$	1.0	1.0	1.0	1.0
$5.0×10^{-4}$	1.0	1.0	1.0	1.0

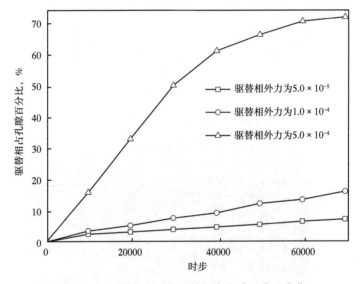

图 7-13　不同外力下的驱替相占孔隙百分比变化

在初始时刻，驱替相还未进入孔隙中，其占孔隙百分比为 0。从图 7-13 中三段曲线的变化可以看出，对驱替相外力为 $1.0×10^{-4}$ 和 $1.0×10^{-5}$ 的两种情况，70000 时步内的驱替相百分比基本呈线性增长，类似于外力为 $5.0×10^{-4}$ 时前 40000 时步内的曲线变化趋势，40000 时步之后，驱替相百分比增长速度逐渐减小，曲线趋于平缓。由此可知，二维多孔介质数字岩心两相流体流动中，驱替相占孔隙百分比开始时呈线性增长，在流通孔隙基本被驱替相占满后，驱替相百分比增长趋于平缓，并最终达到最大值。对比三条曲线，外力越大，驱替相占孔隙体积百分比越大。

三、流体黏度对两相流体流动的影响

为两相流体流动模拟设置驱替外力 $3.0×10^{-4}$，改变两相流体的弛豫频率以控制两相黏度比，研究不同两相黏度比对两相驱替效率的影响，表 7-5 是模拟参数设置。模拟中两相相互作用参数 G_c 取值 1.5，只要知道流体的弛豫频率，就可以计算得到流体黏度。

表7-5　模拟中两相流体参数设置

驱替相外力	驱替相 ω_1	被驱替相 ω_2	黏度比	驱替相 ρ_1	被驱替相 ρ_2
3.0×10^{-4}	1.0	1.0	1.0	1.0	1.0
3.0×10^{-4}	0.667	1.0	2.0	1.0	1.0

图7-14是两相黏度比为1.0和2.0时，驱替相占孔隙百分比随时间的变化曲线。从图中可以看出，在初始时刻，两种情况驱替相占孔隙百分比均为0；随着时间增长，黏度比为1.0的曲线增长较快，在同一时刻下相对于黏度比为2.0的曲线其驱替相百分比更大；从两条曲线的变化趋势可以看出，驱替相在进入孔隙的一段时间内，其占孔隙的百分比基本呈线性增长，驱替相在孔隙中接近饱和时，曲线的增长趋于平缓；两条曲线在90000时步后逐渐接近，在曲线的最后一个点上，黏度比为2.0的曲线和黏度比为1.0的曲线相差小于1%，两条曲线趋于重合，说明改变两相流体黏度比能够改变驱替速度，但是对最终的驱替效率并无大的影响。增大两相黏度比会使驱替速度降低，但最终的驱替效率与两相黏度比为1.0时差别不大。

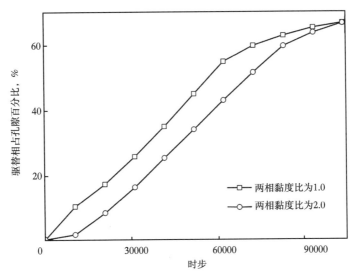

图7-14　不同黏度比下驱替相占孔隙百分比的变化

四、流体密度对两相流体流动的影响

在两相流模拟中设定驱替相外力为3×10^{-4}，两相流体黏度比为1.0，驱替相流体密度为2.0和1.0，被驱替相流体密度为1.0。研究比较不同密度比情况下的两相驱替效率，图7-15为不同密度比取值时驱替相占孔隙百分比随时间的变化曲线。

从图7-15两条曲线的变化明显可以看出，增大两相的密度比，驱替速度和驱替效率会明显增大。两条曲线的变化都是从线性增长到逐渐趋于平缓，在90000时步之后，两相密度比为1.0的情况下驱替效率为67%，密度比为2.0的情况驱替效率为73%，随着时间增长，两条曲线还会逐渐接近。

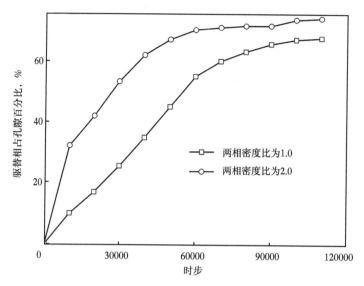

图 7-15　密度比取值 2.0 和 1.0 时驱替相占孔隙百分比变化

根据二维多孔介质数字岩心两相流体流动中驱替外力、黏度比和密度比的影响规律，可以得出，增大驱替相外力和两相密度比可以明显增大驱替速度和驱替效率，增大两相黏度比会降低驱替效率，但不会影响最终的驱替效率。根据以上 6 种情况的两相流体流动 LBM 模拟结果，图 7-10 中二维多孔介质数字岩心模型两相流模拟的驱替效率在 60%~70% 之间。

第三节　页岩油储层岩石微观孔隙结构对剩余油饱和度的影响

基于所建立的 10 个致密油储层岩石数字岩心（编号为 2016-SZ01 至 2016-SZ10），在数字岩心微观孔隙结构分析的基础上，开展了油水两相流动的 LBM 模拟研究，分析了孔隙半径、喉道半径、配位数、孔喉比、孔隙形状因子、孔隙长度、喉道长度等 7 个微观孔隙结构参数对剩余油饱和度的影响。10 个致密油储层岩石数字岩心的 7 个微观孔隙结构参数统计平均值见表 7-6。

表 7-6　10 个数字岩心主要微观孔隙结构参数平均值

序号	岩心	孔隙半径 μm	喉道半径 μm	配位数	孔喉比	孔隙形状因子	孔隙长度 μm	喉道长度 μm
1	2016-SZ01	0.04	0.02	2.53	2.48	0.0289	0.12	0.15
2	2016-SZ02	0.04	0.02	2.22	2.66	0.0298	0.15	0.15
3	2016-SZ03	0.20	0.12	2.06	2.57	0.0297	0.67	0.76
4	2016-SZ04	1.11	0.60	3.43	2.53	0.0289	4.27	4.51
5	2016-SZ05	0.36	0.20	2.25	2.64	0.0303	1.22	1.39
6	2016-SZ06	0.35	0.19	3.06	2.44	0.0292	1.41	1.55

序号	岩心	孔隙半径 μm	喉道半径 μm	配位数	孔喉比	孔隙形状因子	孔隙长度 μm	喉道长度 μm
7	2016-SZ07	0.66	0.36	2.37	2.63	0.0301	2.51	2.51
8	2016-SZ08	0.57	0.31	2.33	2.64	0.0299	1.93	2.17
9	2016-SZ09	0.41	0.23	2.65	2.48	0.0288	1.23	1.51
10	2016-SZ10	0.31	0.17	3.41	2.34	0.0278	1.23	1.43

一、页岩油储层岩石两相流动饱和度分布的 LBM 模拟分析

为了分析致密油储层岩石中油水两相流的饱和度分布特征，根据 10 个数字岩心的 LBM 模拟结果，选取纳米级、亚微米级、微米级孔隙的三个代表性数字岩心，编号分别为 2016-SZ01（孔隙半径平均值 0.04μm）、2016-SZ10（孔隙半径平均值为 0.31μm）和 2016-SZ04（孔隙半径平均值 1.11μm），分析两相流体流动过程中饱和度的变化。

（1）纳米孔隙数字岩心中油水两相流的饱和度分布特征。

图 7-16 给出了纳米孔隙三维数字岩心（2016-SZ01，孔隙半径平均值 0.04μm）水驱油过程中油水两相分布随时间的变化情况。可以看出，由于孔隙半径的平均值较小，水在岩心中的路径更为复杂，经过 2PV 的注水后，岩石孔隙中仍然留有较多的剩余油，使得最终的剩余油饱和度大。

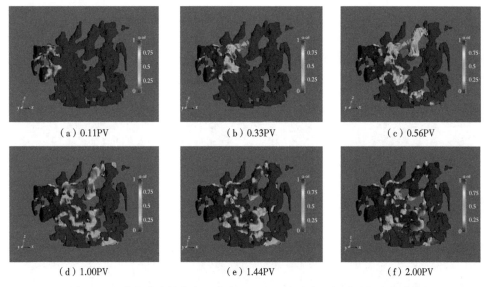

（a）0.11PV   （b）0.33PV   （c）0.56PV

（d）1.00PV   （e）1.44PV   （f）2.00PV

图 7-16 纳米孔隙数字岩心中水驱油过程中油水两相随时间变化曲线

（2）亚微米孔隙数字岩心中油水两相流的饱和度分布特征。

图 7-17 给出了亚微米孔隙三维数字岩心（孔隙半径平均值 0.31μm）水驱油过程中油水两相分布随时间的变化情况。岩心初始状态下完全饱和油，图 7-17（a）表示注水量为 0.11PV 时油水两相的分布，可以看出，这时水开始从左端进入岩心；图 7-17（b）表

示注水量为 0.33PV 时的油水两相分布，可以看出，水明显经过两个通道进入到岩心中；图 7-17（c）表示注水量为 0.56PV 时的油水两相的分布，这时水基本上已经突破，形成了一个由入口到出口的通道，之后继续注水将逐渐把通道周边的油给驱替出来。图 7-17（d），图 7-17（e），图 7-17（f）分别给出了注水量为 1.00PV，1.44PV 和 2.00PV 时的油水两相分布，可以看出，这时水驱油效果已不明显。经过 2PV 的注水后，岩石孔隙中仍然留有部分的剩余油，这部分即为水驱后的剩余油。

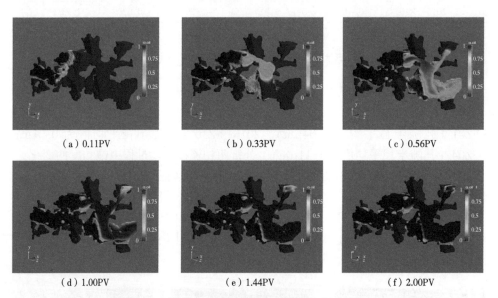

| （a）0.11PV | （b）0.33PV | （c）0.56PV |

| （d）1.00PV | （e）1.44PV | （f）2.00PV |

图 7-17　亚微米孔隙数字岩心中的水驱油过程中油水两相随时间变化曲线

（3）微米孔隙数字岩心中油水两相流的饱和度分布特征。

图 7-18 给出了微米孔隙三维数字岩心（2016-SZ04，孔隙半径平均值为 1.11μm）水

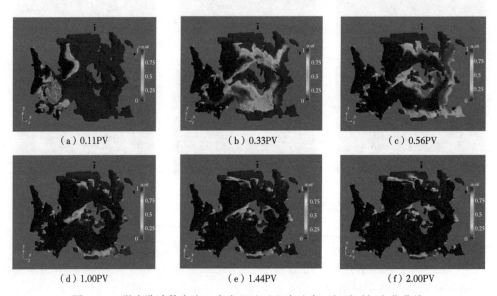

| （a）0.11PV | （b）0.33PV | （c）0.56PV |

| （d）1.00PV | （e）1.44PV | （f）2.00PV |

图 7-18　微米孔隙数字岩心中水驱油过程中油水两相随时间变化曲线

驱油过程中油水两相分布随时间的变化情况。可以看出，由于孔隙半径的平均值较大，水在岩心流动阻力较小，经过2PV的注水后，岩石孔隙中留有的剩余油相对较少，使得最终的剩余油饱和度较小。

二、微观孔隙结构对剩余油饱和度影响分析

（1）孔隙半径对剩余油饱和度的影响。

图7-19给出了剩余油饱和度随孔隙半径平均值的变化情况。10个致密油储层岩石数字岩心的孔隙半径平均值的范围为0.04～1.11μm，剩余油饱和度的范围为44.29%～84.86%。整体上看，剩余油饱和度随着孔隙半径平均值的增大而表现出减小的趋势。这是由于孔隙半径越小，毛管压力越大，岩心中的油更难以被驱替出来。

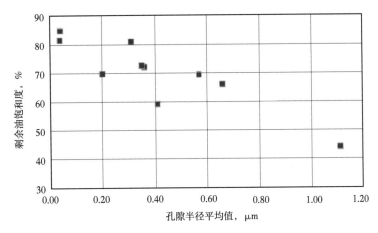

图7-19　剩余油饱和度随孔隙半径平均值的变化曲线

（2）喉道半径对剩余油饱和度的影响。

图7-20给出了剩余油饱和度随喉道半径平均值的变化情况。喉道半径平均值的范围为0.02～0.60μm。整体上看，剩余油饱和度随着喉道半径平均值的增大而表现出减小的趋势，这与随孔隙半径的变化趋势一致。原因同样是由于喉道半径越小，毛管压力越大，

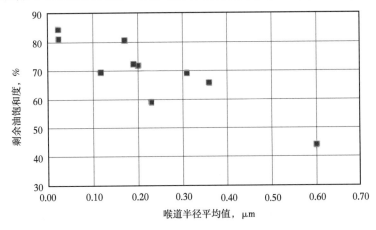

图7-20　剩余油饱和度随喉道半径平均值的变化曲线

岩心中的油更难以被驱替出来。

（3）配位数对剩余油饱和度的影响。

图7-21给出了剩余油饱和度随孔隙配位数平均值的变化情况。配位数平均值的范围为2.06~3.43。整体上看，剩余油饱和度随配位数平均值的增大而减小。这是由于配位数越大，孔隙之间的连通性越好，驱油效果越好，剩余油饱和度越低。

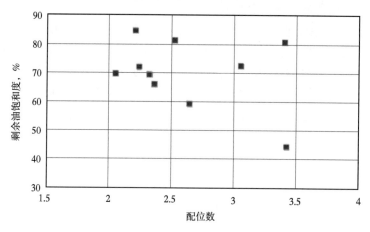

图7-21　剩余油饱和度随配位数平均值的变化

（4）孔喉比对剩余油饱和度的影响。

图7-22给出了剩余油饱和度随孔喉比平均值的变化情况。孔喉比平均值的范围为2.34~2.66。剩余油饱和度随孔喉比平均值的增加，没有明显的变化趋势，与孔喉比平均值的关系较小。这说明孔喉比并不是影响水驱的主要因素。

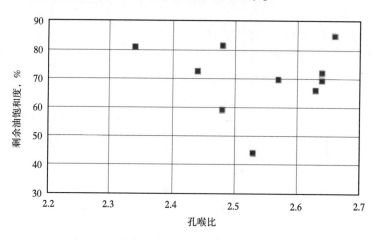

图7-22　剩余油饱和度随孔喉比平均值的变化

（5）孔隙形状因子对剩余油饱和度的影响。

图7-23给出了剩余油饱和度随孔隙形状因子平均值的变化情况。孔隙形状因子的平均值范围为0.0278~0.0303，低于等边三角形的形状因子，说明其孔隙形状是比较不规则的，具有较多的边角。随着孔隙形状因子的增加，剩余油饱和度并没有明显的变化趋势。

这说明孔隙形状因子并不是影响水驱油的主要因素。

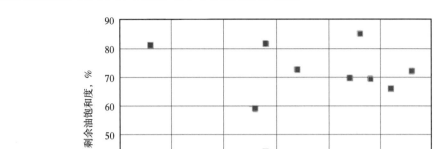

图 7-23　剩余油饱和度随孔隙形状因子平均值的变化

（6）孔隙长度对剩余油饱和度的影响。

图 7-24 给出了剩余油饱和度随孔隙长度平均值的变化情况。孔隙长度平均值的范围为 0.12~4.27μm。剩余油饱和度随孔隙长度平均值的增大而减小。这与剩余油饱和度随孔隙半径平均值的变化规律一致。这是由于孔隙长度越大，孔隙体积也越大。大孔隙中的油更容易被驱替出来，使得剩余油饱和度更低。

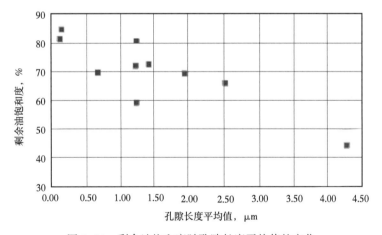

图 7-24　剩余油饱和度随孔隙长度平均值的变化

（7）喉道长度对剩余油饱和度的影响。

图 7-25 给出了剩余油饱和度随喉道长度平均值的变化情况。喉道长度平均值的范围为 0.15~4.51μm。剩余油饱和度随喉道长度平均值的增大而减小。这与剩余油饱和度随孔隙长度平均值的变化规律一致。

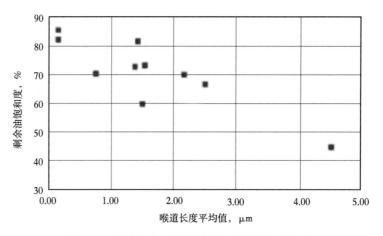

图 7-25 剩余油饱和度随喉道长度平均值的变化

第四节 页岩油储层岩石中原油动用程度和剩余油饱和度分析

在致密油储层岩石的 5 个典型代表性 REV 数字岩心基础上，编号分别为 2016-SR01 至 2016-SR05，开展了水驱油的 LBM 模拟计算，分析了不同尺度孔隙中原油动用程度和剩余油分布特征。5 个典型代表性 REV 数字岩心的微观孔隙结构参数统计平均值见表 7-7。

表 7-7 典型代表 REV 数字岩心的微观孔隙结构参数统计平均值

微观孔隙结构参数	岩　　心				
	2016-SR01	2016-SR02	2016-SR03	2016-SR04	2016-SR05
孔隙半径，μm	0.041	0.232	1.159	0.369	0.642
喉道半径，μm	0.028	0.141	0.641	0.204	0.322
配位数	2.01	2.92	3.09	2.17	2.39
孔喉比	2.60	2.41	2.68	2.47	2.48
孔隙形状因子	0.0324	0.0276	0.0307	0.0309	0.0313
喉道形状因子	0.0313	0.0315	0.0306	0.0311	0.0307
孔隙长度，μm	0.14	0.64	3.96	1.13	2.21
喉道长度，μm	0.14	0.77	3.79	1.23	2.12
孔喉总长度，μm	0.39	1.94	11.13	3.35	6.14
孔隙体积，μm^3	0.0075	0.9572	218.6688	3.6930	34.6355
喉道体积，μm^3	0.0008	0.0993	13.4201	0.5425	2.5941

在 2016-SR01 至 2016-SR05 数字岩心的水驱油 LBM 模拟计算时，2016-SR03 号数字岩心的计算速度非常慢，没有给出最终结果。

一、水驱过程中原油动用特征的 LBM 模拟分析

（1）2016-SR01 数字岩心的水驱油特征。

图 7-26 为 2016-SR01 数字岩心（平均孔隙半径 0.041μm）水驱过程中含油饱和度的变化情况，图 7-27 为水驱前后数字岩心油水饱和度分布。

由图 7-26 可知，注水 0.21PV 时，岩心前端 2~7 位置含油饱和度急剧下降，水相突破很快，到达岩心 225 位置。注水 0.50PV 时，水相已经突破岩心末端，岩心 160 位置到岩心末端含油饱和度大幅度减小。此时形成水流优势通道，岩心整体含油饱和度下降速度放缓。从注水 0.50PV 到注水 3.00PV 期间，岩心 0~30 位置，150~170 位置，含油饱和度几乎没有减少，说明继续水驱无法动用这段岩心孔隙中的剩余油。岩心 75~101 位置，255位置到岩心末端在此注水期间含油饱和度不断减小，说明这段时间主要动用的是这部分岩心孔隙中的原油。注水 2.76PV 时岩心各个位置含油饱和度和注水 3.00PV 时几乎一样，说明此时水驱已经不能继续驱替岩心孔隙中的原油。

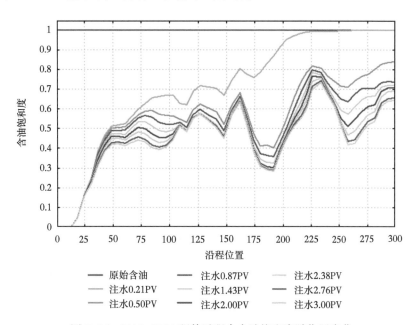

图 7-26　2016-SR01 驱替过程中含油饱和度随位置变化

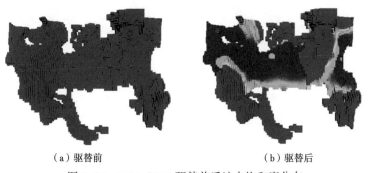

（a）驱替前　　　　　　　　　　　（b）驱替后

图 7-27　2016-SR01 驱替前后油水饱和度分布

（2）2016-SR02 数字岩心的水驱油特征。

图 7-28 为 2016-SR02 数字岩心（平均孔隙半径为 0.232μm）水驱过程中含油饱和度的变化情况，图 7-29 为水驱前后数字岩心油水饱和度分布。

由图 7-28 可知，从初始时刻到注水 0.56PV，岩心整体含油饱和度不断减小，且减小幅度很大。注水 0.56PV 时，已形成水流优势通道，随后注水过程中，155 位置之前含油饱和度只有少许减少，155 位置之后的含油饱和度仍有明显的减小趋势，到注水 2.10PV 时几乎不再减小。注水结束时 50~75 位置和 280 位置到岩心末端含油饱和度相对较高；82~121 位置孔隙中的原油几乎被全部驱替，190~248 位置含油饱和度很小，平均含油饱和度不到 10%。注水 2.10PV 时岩心各个位置含油饱和度和注水 3.00PV 时几乎一样，说明此时水驱已经不能继续驱替岩心孔隙中的原油。

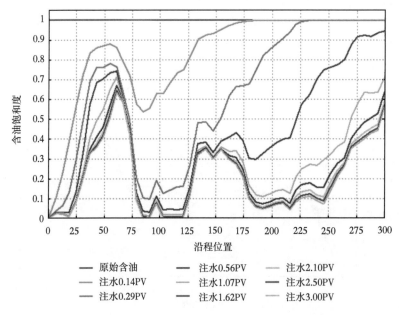

图 7-28　2016-SR02 驱替过程中含油饱和度随位置变化

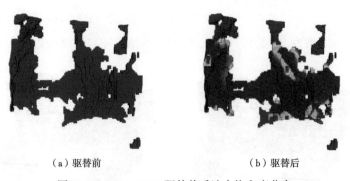

（a）驱替前　　　　　　　　　　　　　　（b）驱替后

图 7-29　2016-SR02 驱替前后油水饱和度分布

（3）2016-SR04 数字岩心的水驱油特征。

图 7-30 为 2016-SR04 数字岩心（平均孔隙半径为 0.369μm）水驱过程中含油饱和度

的变化情况，图 7-31 为水驱前后数字岩心油水饱和度分布。

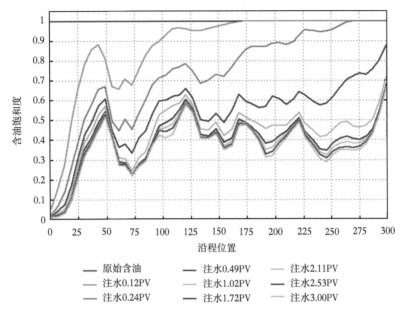

图 7-30　2016-SR04 驱替过程中含油饱和度随位置变化

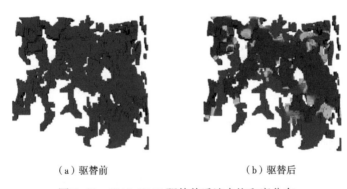

（a）驱替前　　　　　　　　　　（b）驱替后

图 7-31　2016-SR01 驱替前后油水饱和度分布

由图 7-30 可知，从初始时刻到注水 1.02PV，岩心整体含油饱和度在不断减小，且减小幅度很大。从注水 1.02PV 到注水 1.72PV，岩心整体含油饱和度有小幅度减小。注水 1.72PV 以后，岩心整体含油饱和度基本上没有太大变化。整体上看，岩心 0~25 位置原油动用程度最高，驱替结束后只有少许剩余油；岩心 290 位置到岩心末端含油饱和度相对较高；岩心 25~290 位置原油最终动用程度差不多，含油饱和度在 40% 上下波动。注水 2.53PV 时岩心各个位置含油饱和度和注水 3.00PV 时几乎一样，说明此时水驱已经不能继续驱替岩心孔隙中的原油。

（4）2016-SR05 数字岩心的水驱油特征。

图 7-32 为 2016-SR05 数字岩心（平均孔隙半径为 0.642μm）水驱过程中含油饱和度的变化情况，图 7-33 为水驱前后数字岩心这油水饱和度分布。由图 7-32 可知，从初始时刻到注水 0.33PV，主要动用的是岩心前半部分孔隙中的原油，水驱通道还没有到达岩心

末端。到注水 0.48PV 时，已经形成水驱优势通道，此时岩心后端含油饱和度大幅度下降，岩心前端含油饱和度只有少许减小，说明岩心前端孔隙中的可动原油在到达注水 0.48PV 时已大部分被驱替。到注水 0.72PV 时，岩心 160 位置到岩心末端含油饱和度明显减小，说明这部分岩心中仍有大量可动原油。后续注水过程中，只有 210~220 位置含油饱和度明显减小，其余部分岩心含油饱和度变化不明显。注水 2.30PV 时岩心各个位置含油饱和度和注水 3.00PV 时几乎一样，说明此时水驱已经不能继续驱替岩心孔隙中的原油。

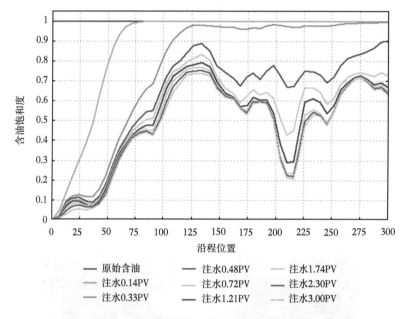

图 7-32　2016-SR05 驱替过程中含油饱和度随位置变化

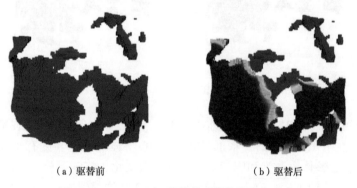

（a）驱替前　　　　　　　　　　　　　　（b）驱替后

图 7-33　2016-SR01 驱替前后油水饱和度分布

综上所述，平均注水 2.04PV 时，致密油储层岩石数字岩心中可动原油基本上已被全部驱替。注水 3.00PV 时，数字岩心中剩余油饱和度分布范围约为 19%~45%，平均剩余油饱和度约为 36%。整体上，数字岩心注入端部分的剩余油饱和度相对较低，平均剩余油饱和度小于 10%；产出末端部分的剩余油饱和度相对较高，平均剩余油饱和度在 60% 以上。不同数字岩心水驱过程中，沿程位置剩余油分布呈现巨大差异，剩余油饱和度最高可达 68%，最低几乎为 0，说明致密油储层岩石的孔隙结构对剩余油饱和度分布有巨大影响。

二、水驱后剩余油分布特征的 LBM 模拟分析

（1）2016-SR01 数字岩心的剩余油分布。

2016-SR01 数字岩心（平均孔隙半径 0.041μm）水驱后，不同尺度孔隙的剩余油分布、原油动用程度和采收率贡献率如图 7-34 所示，相应数据的具体统计分析结果见表 7-8。

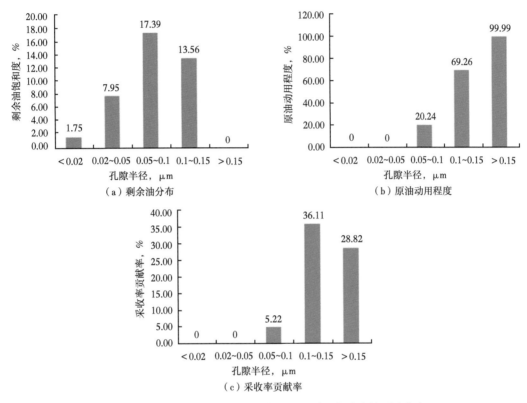

图 7-34　2016-SR01 数字岩心水驱后不同尺度孔隙的原油分布

表 7-8　2016-SR01 水驱后不同尺度孔隙的剩余油分布

孔隙半径 μm	占总孔隙的比例 %	含油饱和度 %	动用油 %	剩余油饱和度 %	原油动用程度 %	采收率贡献率 %
<0.02	1.75	1.75	0	1.75	0	0
0.02~0.05	7.95	7.95	0	7.95	0	0
0.05~0.1	21.81	21.81	4.41	17.39	20.24	5.22
0.1~0.15	44.11	44.11	30.55	13.56	69.26	36.11
>0.15	24.38	24.38	24.38	0	99.99	28.82

由表 7-8 可知，水驱过程中半径大于 0.15μm 孔隙中的原油基本被全部动用；半径为 0.1~0.15μm 孔隙中的原油动用程度为 69.26%；半径为 0.05~0.1μm 孔隙中原油动用程度较低，为 20.24%；孔隙半径小于 0.05μm 孔隙中的原油没有动用。因此，水驱过程主要动用的是半径大于 0.1μm 孔隙中的原油，原油不可动孔隙半径上限为 0.05μm。同时，

剩余油主要分布在半径为 0.05~0.15μm 的孔隙中，其剩余油饱和度达 30.95%。对水驱采收率贡献最大的是孔隙半径为 0.1~0.15μm 的孔隙，其贡献率达 36.11%。

（2）2016-SR02 数字岩心的剩余油分布。

2016-SR02 数字岩心（平均孔隙半径为 0.232μm）水驱后，不同尺度孔隙的剩余油分布、原油动用程度和采收率贡献率如图 7-35 所示，相应数据的具体统计分析结果见表 7-9。

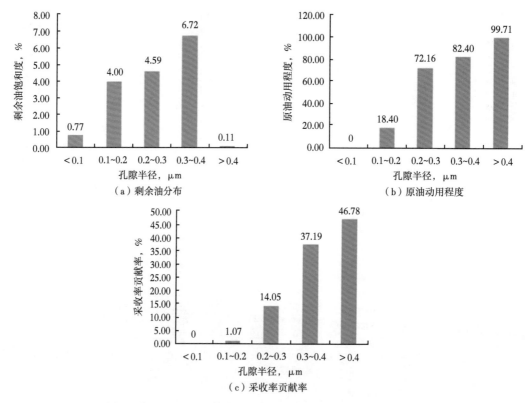

图 7-35　2016-SR02 数字岩心水驱后不同尺度孔隙的原油分布

表 7-9　**2016-SR02 水驱后不同尺度孔隙的剩余油分布**

孔隙半径 μm	占总孔隙的比例 %	含油饱和度 %	动用油 %	剩余油饱和度 %	原油动用程度 %	采收率贡献率 %
<0.1	0.77	0.77	0	0.77	0	0
0.1~0.2	4.90	4.90	0.90	4.00	18.40	1.07
0.2~0.3	16.47	16.47	11.89	4.59	72.16	14.05
0.3~0.4	38.18	38.18	31.46	6.72	82.40	37.19
>0.4	39.68	39.68	39.57	0.11	99.71	46.78

由表 7-9 可知，水驱过程中半径大于 0.4μm 孔隙中的原油基本被全部动用；半径为 0.2~0.4μm 孔隙中的原油动用程度非常大，其中半径为 0.2~0.3μm 孔隙中的原油动用程度达 72.16%，半径为 0.3~0.4μm 孔隙中的原油动用程度达 82.40%；半径为 0.1~0.2μm 孔隙中原油动用程度较低，只有 18.40%；孔隙半径小于 0.1μm 孔隙中的原油基本上没有

动用。因此，水驱过程主要动用的是半径大于 0.2μm 孔隙中的原油，原油不可动孔隙半径上限为 0.1μm。同时，剩余油主要分布在半径为 0.1~0.4μm 的孔隙中，其剩余油饱和度达 15.31%。对水驱采收率贡献最大的是孔隙半径大于 0.4μm 的孔隙，其贡献率达46.78%。

（3）2016-SR04 数字岩心的剩余油分布。

2016-SR04 数字岩心（平均孔隙半径为 0.369μm）水驱后，不同尺度孔隙的剩余油分布、原油动用程度和采收率贡献率如图 7-36 所示，相应数据的具体统计分析结果见表 7-10。

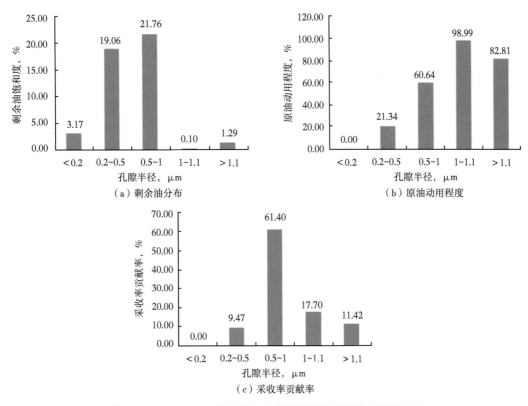

（a）剩余油分布　　（b）原油动用程度　　（c）采收率贡献率

图 7-36　2016-SR04 数字岩心水驱后不同尺度孔隙的原油分布

表 7-10　2016-SR04 水驱后不同尺度孔隙的剩余油分布

孔隙半径 μm	占总孔隙的比例 %	含油饱和度 %	动用油 %	剩余油饱和度 %	原油动用程度 %	采收率贡献率 %
<0.2	3.17	3.17	0	3.17	0	0
0.2~0.5	24.23	24.23	5.17	19.06	21.34	9.47
0.5~1	55.30	55.30	33.53	21.76	60.64	61.40
1~1.1	9.77	9.77	9.67	0.10	98.99	17.70
>1.1	7.53	7.53	6.24	1.29	82.81	11.42

由表 7-10 可知，水驱过程中原油动用程度最高的是半径为 $1\sim1.1\mu m$ 的孔隙，动用程度达 98.99%；半径大于 $1.1\mu m$ 孔隙中的原油动用程度为 82.81%；半径为 $0.5\sim1\mu m$ 孔隙中的原油动用程度达 60.64%；半径为 $0.2\sim0.5\mu m$ 孔隙中原油动用程度较低，只有 21.34%；孔隙半径小于 $0.2\mu m$ 孔隙中的原油基本上没有动用。因此，水驱过程主要动用的是半径大于 $1\mu m$ 孔隙中的原油，原油不可动孔隙半径上限为 $0.2\mu m$。同时，剩余油主要分布在半径为 $0.2\sim1\mu m$ 的孔隙中，其剩余油饱和度达 40.82%。对水驱采收率贡献最大的是孔隙半径为 $0.5\sim1\mu m$ 的孔隙，其贡献率达 61.40%。

（4）2016-SR05 数字岩心的剩余油分布。

2016-SR05 数字岩心（平均孔隙半径为 $0.642\mu m$）水驱后，不同尺度孔隙的剩余油分布、原油动用程度和采收率贡献率如图 7-37 所示，相应数据的具体统计分析结果见表 7-11。

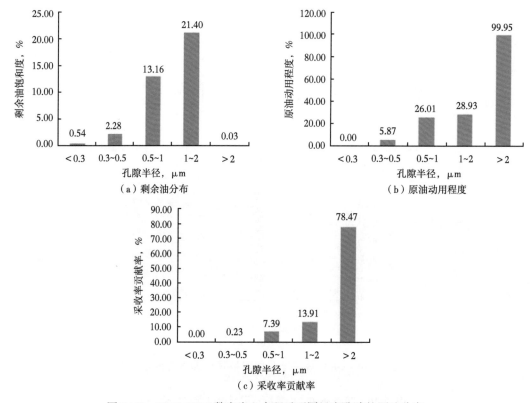

图 7-37　2016-SR05 数字岩心水驱后不同尺度孔隙的原油分布

表 7-11　2016-SR05 水驱后不同尺度孔隙的剩余油分布

孔隙半径 μm	占总孔隙的比例 %	含油饱和度 %	动用油 %	剩余油饱和度 %	原油动用程度 %	采收率贡献率 %
<0.3	0.54	0.54	0	0.54	0	0
0.3~0.5	2.42	2.42	0.14	2.28	5.87	0.23
0.5~1	17.79	17.79	4.63	13.16	26.01	7.39
1~2	30.11	30.11	8.71	21.40	28.93	13.91
>2	49.15	49.15	49.12	0.03	99.95	78.47

由表 7-11 可以看出，水驱过程中半径大于 2μm 的孔隙中的原油基本上被全部动用，动用程度达 99.95%；半径为 0.5~2μm 孔隙中的原油动用程度不高，其中半径为 0.5~1μm 孔隙中的原油动用程度为 26.01%，半径为 1~2μm 孔隙中原油动用程度为 28.93%；半径为 0.3~0.5μm 孔隙中的原油动用程度较低，只有 5.87%；半径小于 0.3μm 孔隙中的原油没有被动用。因此，水驱过程主要动用的是半径大于 2μm 孔隙中的原油，原油不可动孔隙半径上限为 0.3μm。同时，剩余油主要分布在半径为 0.5~2μm 的孔隙中，其剩余油饱和度为 34.56%。对水驱采收率贡献最大的是孔隙半径大于 2μm 的孔隙，其贡献率达 78.47%。

综上所述，致密油储层岩石水驱后剩余油主要分布在平均半径为 0.20~2.00μm 的孔隙中；平均半径大于 0.91μm 的孔隙中原油动用程度最高；平均半径大于 0.89μm 的孔隙对采收率的贡献最高。

三、水驱油 LBM 模拟的页岩油微观尺度流动区间划分

根据上述致密油储层岩石数字岩心水驱后不同孔隙尺度中原油分布状态的统计分析结果，结合这些数字岩心的微观孔隙分布特征，通过综合平均统计分析，给出了致密油微观孔隙不可动上限、可流动下限、不可动区（致密油束缚不动区）、过渡区（致密油过渡流动区）和可动区（致密油正常流动区），具体结果见图 7-38 和表 7-12。

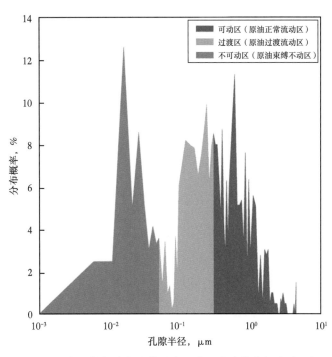

图 7-38　吉木萨尔致密油储层岩石微观孔隙分布与流动区间

表 7-12　吉木萨尔致密油微观尺度流动区间划分

致密油流动区间	束缚不动区	不可动上限	过渡流动区	可流动下限	正常流动区
孔隙半径界限范围	<0.05μm	0.05μm	0.05~0.30μm	0.30μm	>0.30μm

　　由图 7-38 和表 7-12 可知，吉木萨尔致密油储层岩石的不可动孔隙上限为 0.05μm，可流动孔隙下限为 0.30μm；可动区孔隙半径大于 0.30μm，过渡区孔隙半径介于 0.05～0.30μm 之间，不可动区孔隙半径小于 0.05μm。因此，针对吉木萨尔致密油储层而言，孔隙半径小于 0.05μm 的储集空间为不可动区，原油无法正常流动，呈束缚状态；孔隙半径在 0.05～0.30μm 之间的储集空间为过渡流动区，原油不易流动，表现为不可动—可动的过渡状态，主要受喉道控制；而孔隙半径大于 0.30μm 的储集空间为可动区，原油呈正常流动状态，又可细分为孔喉共控区和孔隙主控区，储层孔喉结构越差，孔隙主控区范围越小。

参 考 文 献

安祥，王殿生，向李平，等，2016. 致密油储层岩石孔隙结构特征的聚类分析——以吉木萨尔凹陷芦草沟组储层为例 [J]. 油气藏评价与开发，6（04）：7-13.

操应长，朱宁，张少敏，等，2019. 准噶尔盆地吉木萨尔凹陷二叠系芦草沟组致密油储层成岩作用与储集空间特征 [J]. 地球科学与环境学报，41（03）：253-266.

邓平平，2014. 基于格子 Boltzmann 方法的二维多孔介质渗流研究 [D]. 大连：大连理工大学.

房涛，张立宽，刘乃贵，等，2017. 核磁共振技术定量表征致密砂岩气储层孔隙结构——以临清坳陷东部石炭系—二叠系致密砂岩储层为例 [J]. 石油学报，38（08）：902-915.

高汉宾，张振芳，2008. 核磁共振原理与实验方法 [M]. 武汉：武汉大学出版社.

戈革，2018. 多孔介质核磁共振表面弛豫机理研究 [D]. 北京：中国石油大学（北京）.

郭照立，郑楚光，2009. 格子 Boltzmann 方法的原理及应用 [M]. 北京：科学出版社.

何雅玲，王勇，李庆，2009. 格子 Boltzmann 方法的理论及应用 [M]. 北京：科学出版社.

胡安杰，2015. 多相流动格子 Boltzmann 方法研究 [D]. 重庆：重庆大学.

贾子健，2017. 页岩核磁共振弛豫机制与测量方法研究 [D]. 北京：中国石油大学（北京）.

匡立春，2015. 核磁共振测井技术在准噶尔盆地油气勘探开发中的应用 [M]. 北京：石油工业出版社.

匡立春，王霞田，郭旭光，等，2015. 吉木萨尔凹陷芦草沟组致密油地质特征与勘探实践 [J]. 新疆石油地质，36（06）：629-634.

李鹏举，施尚明，宋延杰，2010. 核磁共振 T_2 谱最优化反演方法 [J]. 核电子学与探测技术，30（05）：712-716.

李艳，2007. 复杂储层岩石核磁共振特性实验分析与应用研究 [D]. 青岛：中国石油大学（华东）.

李艳，范宜仁，邓少贵，等，2008. 核磁共振岩心实验研究储层孔隙结构 [J]. 勘探地球物理进展，（02）：129-132.

李志涛，王志战，赵蕾，2011. 核磁共振岩样分析技术及应用 [M]. 东营：中国石油大学出版社.

刘高洁，郭照立，施保昌，2016. 多孔介质中流体流动及扩散的耦合格子 Boltzmann 模型 [J]. 物理学报，65（01）：290-298.

曲岩涛，姜志敏，史京生，等，2012. 水驱油过程的核磁共振二维谱研究 [J]. 波谱学杂志，29（01）：51-59.

苏俊磊，李军，张军，等，2015. 基于岩石物理相的储集层相对渗透率分类评价——以鄂尔多斯盆地镇泾地区长 8 油层组为例 [J]. 深圳大学学报（理工版），32（05）：480-487.

苏俊磊，孙建孟，王涛，等，2011. 应用核磁共振测井资料评价储层孔隙结构的改进方法 [J]. 吉林大学学报（地球科学版），41（S1）：380-386.

苏俊磊，孙建孟，张守伟，2010. 核磁共振弛豫信号的多指数反演及应用 [J]. 石油天然气学报，32（06）：87-91.

苏俊磊，王艳，孙建孟，2010. 应用可变 T_2 截止值确定束缚水饱和度 [J]. 吉林大学学报（地球科学版），40（06）：1491-1495.

田伟，刘慧卿，何顺利，等，2019. 吉木萨尔凹陷芦草沟组致密油储层岩石微观孔隙结构表征 [J]. 油气地质与采收率，26（04）：24-32.

王为民，李培，叶朝辉，2001. 核磁共振弛豫信号的多指数反演 [J]. 中国科学（A 辑）（08）：730-736.

王屹涛，杨召，张国清，等，2017. 吉木萨尔凹陷二叠系芦草沟组致密油源储特征新认识 [J]. 新疆石油天然气，13（04）：1-6.

王忠东，肖立志，刘堂宴，2003. 核磁共振弛豫信号多指数反演新方法及其应用 [J]. 中国科学（G 辑：物理学、力学、天文学）（04）：323-332.

肖立志，1998. 核磁共振成像测井与岩石核磁共振及其应用［M］. 北京：科学出版社.

谢然红，肖立志，王忠东，等，2008. 复杂流体储层核磁共振测井孔隙度影响因素［J］. 中国科学（D辑：地球科学）（S1）：191-196.

许鹤林，2010. 格子Boltzmann方法理论及其在流体动力学中的应用研究［D］. 上海：复旦大学.

杨智，侯连华，林森虎，等，2018. 吉木萨尔凹陷芦草沟组致密油、页岩油地质特征与勘探潜力［J］. 中国石油勘探，23（04）：76-85.

姚军，赵建林，张敏，等，2015. 基于格子Boltzmann方法的页岩气微观流动模拟［J］. 石油学报，36（10）：1280-1289.

姚绪刚，王忠东，2003. 一种新的核磁共振弛豫谱反演算法［J］. 测井技术（05）：373-376.

袁青，2016. 准噶尔盆地吉木萨尔凹陷致密油储层裂缝精细表征及甜点评价［D］. 北京：中国石油大学（北京）.

张良奇，2014. 格子Boltzmann方法基础理论研究及其在不可压缩流动中的应用［D］. 重庆：重庆大学.

张云钊，2017. 吉木萨尔凹陷致密储层裂缝类型和成因机制研究［D］. 北京：中国石油大学（北京）.

赵天增，2018. 核磁共振二维谱［M］. 北京：化学工业出版社.

周丽萍，2016. 准噶尔盆地吉木萨尔凹陷致密油储层预测及评价技术研究［D］. 成都：西南石油大学.

周鹏，2014. 新疆吉木萨尔凹陷二叠系芦草沟组致密油储层特征及储层评价［D］. 西安：西北大学.

周文宁，2010. 复杂微通道内流体流动的格子Boltzmann模拟［D］. 大连：大连理工大学.

朱卫兵，王猛，陈宏，等，2013. 多孔介质内流体流动的格子Boltzmann模拟［J］. 化工学报，64（S1）：33-40.